肉羊养殖新概念

U0817341

彩图 1　萨福克羊

彩图 2　夏洛来羊

彩图 3　无角陶塞特羊

彩图 4　德国肉用美利奴羊

彩图5　德克塞尔羊

彩图6　罗姆尼羊

彩图7　杜泊羊

彩图8　波尔山羊

彩图 9　大尾寒羊

彩图 10　小尾寒羊

彩图 11　乌珠穆沁羊

彩图 12　阿勒泰肉用细毛羊

彩图 13　南江黄羊

彩图 14　成都麻羊

彩图 15　马头山羊

彩图 16　板角山羊

图片主要来自 http://baike.baidu.com/image

“十一五”国家重点图书出版规划项目

养殖技术新概念丛书

肉羊养殖新概念

岳春旺　魏红芳　主编

中国农业大学出版社

·北京·

图书在版编目(CIP)数据

肉羊养殖新概念/岳春旺,魏红芳主编.—北京:中国农业大学出版社,2010.12

ISBN 978-7-5655-0114-2

Ⅰ.①肉… Ⅱ.①岳…②魏… Ⅲ.①肉用羊-饲养管理 Ⅳ.①S826.9

中国版本图书馆 CIP 数据核字(2010)第 193271 号

书　　名 肉羊养殖新概念

作　　者 岳春旺　魏红芳　主编

策划编辑 魏秀云　　**责任编辑** 李丽君

封面设计 郑　川　　**责任校对** 陈　莹　王晓凤

出版发行 中国农业大学出版社

社　　址 北京市海淀区圆明园西路 2 号　　**邮政编码** 100193

电　　话 发行部 010-62818525,8625　　读者服务部 010-62732336

编辑部 010-62732617,2618　　出　版　部 010-62733440

网　　址 http://www.cau.edu.cn/caup　　**e-mail** cbsszs @ cau.edu.cn

经　　销 新华书店

印　　刷 北京时代华都印刷有限公司

版　　次 2010 年 12 月第 1 版　　2013 年 3 月第 3 次印刷

规　　格 850×1 168　　32 开本　　5.75 印张　　142 千字　　彩插 2

定　　价 16.00 元

图书如有质量问题本社发行部负责调换

编 写 人 员

主　编　岳春旺　魏红芳

副主编　张志全　孙茂红　杜道全

参　编　马旭平　张兆琴　穆秀明

　　　　高志花　褚海义

主　审　刘太宇

前　言

本书为“十一五”国家重点图书出版规划项目养殖技术新概念系列丛书之一，共分5章，内容包括肉羊品种良种化、羊场建设合理化、肉羊饲养管理规范化、肉羊繁殖高效化和肉羊防疫制度化。章前设有本章知识新亮点，章后设有本章重点提示，书后附有无公害食品　肉羊饲养饲料使用准则（NY 5150—2002）、无公害食品　肉羊饲养管理准则（NY/T 5151—2002）、无公害食品　肉羊饲养兽医防疫准则（NY 5149—2002）、无公害食品　肉羊饲养兽药使用准则（NY 5148—2002）。在编写过程中，我们力图从我国农村肉羊业的实际出发，在保持科学性和系统性的基础上，以肉羊生产标准化和食品安全生产为导向，以肉羊饲养新概念为重点，贯彻少而精、可操作性强、实用性和先进性相统一的原则，充实了国内外养羊业的新技术、新成果、新经验，融新技术于常规饲养过程中。

本书编排内容和形式灵活，尽可能做到图文并茂，可供畜牧兽医类专业学生课外参考使用，也可作为基层肉羊生产技术人员培训教材或参考用书。

本书在编写过程中参阅了国内外有关文献和专著，并引用了其中的一些资料，编者对这些文献和专著的作者表示由衷的感谢。由于我们水平所限，书中不妥之处，恳请读者批评指正。

编　者

2010年9月

目　录

第一章　肉羊品种良种化

本章知识新亮点：选择适宜肉羊品种，提高养羊经济效益

我国幅员辽阔，品种资源丰富，各个品种均有其特点及适应性，肉羊养殖中，应以我国绵羊、山羊品种资源为基础，引进国外优秀肉羊品种（如杜泊羊、德克塞尔羊、德国肉用美利奴羊、波尔羊等）的种公羊与地方母羊进行经济杂交，杂交后代进行肥育、出栏，发挥优良肉羊品种的优势，以带来更大的经济效益。

一、肉用羊的特点

肉羊与其他生产性能的羊相比，具有性成熟早、生长发育快和繁殖力高的特点。例如，许多优秀的肉用绵羊、山羊品种，种母羊全年发情，产羔率高，泌乳性能好；商品羊肉用性能好，断奶重大，生产周期短，饲料利用率高。发展这样的肉羊具有较高的经济效益。

1.体型和外貌特征

肉用羊应当具备肉用体型，即体躯呈长圆桶状，四肢相对较短，前后肢张开良好，后躯丰满；皮肤少褶皱、皮肤疏松而薄，皮下结缔组织及脂肪含量高；头短而宽。颈短、粗、无颈褶，肌肉丰厚。肋骨开张好。背腰结合良好，而且宽、平直。胸深、宽，胸腔较小。两后腿后视呈倒 U 形。

2.早熟性

早熟性能是肉羊的重要指标之一，肉羊的早熟是指肉羊体重、体格发育早熟、性早熟，获得一定胴体重，早熟品种比晚熟品种生长期更短，因此早熟肉羊品种可提早利用。幼年羊的生长期可达成年羊体重的70％～75％以上，取决于品种选择。在同等条件下，12个月的小尾寒羊母羔即可达到成年体重的90％以上，而一般毛用细毛羊达到相应指标则需16～18个月。早熟性能是取得饲养肉用羊经济效益的关键，在养羊生产中要加以重视。

在实际生产中，肉羊的出栏年龄一般在周岁左右，因而在出栏前应最大限度地发挥出生长发育潜力，以获得最大的体重和较高的产肉量。不具备早熟性或早熟性差的品种，生长发育迟缓，出栏时与成年体重相差较大，达不到出栏标准，如果靠延长饲养时间增加体重，增加饲养成本，必将影响经济效益。

不同肉羊品种之间达到配种和生育生理条件的年龄即性成熟和初配年龄差异较大，如德国肉用美利奴羊要到12月龄才能发情配种，而我国的一些地方品种（小尾寒羊、湖羊等）在5～7月龄就可达到性成熟。山羊品种中的徐淮山羊、马头山羊在4～6月龄就能发情配种，有的母羊在周岁内就可产羔。生产中可以利用这种性成熟早的特性加快羊群的扩增速度和提高种质资源的利用年限。

3.体重大，生长速度快

肉用品种的共同特点是体重大、生长速度快。在良好的饲养条件下，肉用绵羊品种的羔羊在3～6月龄时，一般日增重可达250～300 g，1.5岁公羊体重可达100～110 kg，母羊60～70 kg，且出肉率较高，屠宰率一般在50％以上。

4.肉质好

肉羊的最终产品是羊肉，因而要求品种必须具备肉质好的特性。无论是羔羊肉或大羊肉，要肌纤维细嫩，脂肪较少并均匀分布在肌纤维之间，肉汁多，无膻味或膻味小。从胴体形态看，体表覆盖的脂肪不厚且分布均匀，背腰宽平，肌肉厚实，臀部肌肉丰满。

5.繁殖力高

高繁殖力是肉羊品种的一个重要性状，主要表现为产羔率高、哺乳性强和泌乳力高等特点。好的品种双羔和多羔率高，产羔率在240%以上，而繁殖力低的品种产羔率则在200%以下，在正常的饲养管理条件下，可实现母羊一年两胎或两年三胎，以便达到高的生物学经济效益。

二、引进的肉用绵、山羊品种

1.萨福克羊

产地　原产于英国英格兰东南的萨福克、诺福克、剑桥和艾塞克斯等地。萨福克羊的生产性能特点十分有利于工厂化高效养羊，目前，美国、英国、澳大利亚和新西兰将该品种作为生产肉羊的终端父系品种，其肉产品在国际市场上占有率很高，也是我国肉羊生产的主要终端父本品种。

外貌特征　公母羊均无角，颈粗短，胸宽深，背腰平直，后躯发育丰满。成年羊头、耳及四肢为黑色，被毛有有色纤维；体格较大，四肢粗壮结实；头短耳宽，胸宽、背、腰和臀部长宽而平；肌肉丰满；头和四肢为黑色，并且无毛覆盖(彩图1)。

生产性能　成年公羊体重90～105 kg，成年母羊65～70 kg。剪毛量，成年公羊5～6 kg，母羊3～4 kg，毛长7～8 cm，细度56～58支。净毛率60%。背毛白色，偶可发现少量有色纤维。萨福克羊早熟性好，羔羊早期生长发育快，产肉性能和胴体品质好，经肥育约4月龄公羔羊胴体重24.2 kg，母羔体重19.7 kg，瘦肉率高，肉嫩脂少，是生产大胴体和优质羔羊肉的理想品种。母羊产羔率141.7%～157.7%。

我国从20世纪70年代起由新疆、内蒙古等省区先后从澳大利亚引进，并进行大规模的推广。在内蒙古，采用该品种与蒙古羊、细毛羊低代杂种羊等品种进行杂交，在全年以放牧为主，冬季补饲的条件下，190日龄的杂交种一代羯羊屠宰活重37.25 kg，胴体重18.33 kg，屠宰率为49.21%，净肉重13.49 kg，胴体净肉率为73%。杂交的后代产毛量也有明显增长，而且还减少了被毛中干死毛的数量和改进有髓毛的细度，应用前景很好。

2.夏洛来羊

产地　原产于法国中部的夏洛来丘陵和谷地。夏洛来是一个优良的肉用品种，但杂交后代出生阶段被毛短，不能有效地抵御高寒牧区的严寒和风雪的袭击，必须给其及其杂交后代提供优良的饲养条件，在良好的舍饲条件下，夏洛来羊的生产潜力很大。该品种可以作为工厂化高效养羊生产的理想品种之一选用。

外貌特征　公、母羊均无角，额宽，头部无毛，脸部呈粉红色或灰色，耳大，颈短粗，肩宽平，胸宽而深，肋部拱圆，背部肌肉发达，体躯呈圆桶状，身腰长，四肢较短、矮，肢势端正，肉用体型良好。背毛同质，均匀度有时较差，毛白色(彩图2)。

生产性能　该品种早熟，耐粗饲，采食能力强，对寒冷潮湿或干热气候适应性良好，是生产肥羔的优良品种。一般6月龄公羔体重可达48～53 kg，母羔38～43 kg；成年公羊100～150 kg，母羊75～95 kg，夏洛来羊胴体品质好，瘦肉多，脂肪少，屠宰率在55%以上。该品种繁殖率高，经产母羊产羔率为182.37%，初产母羊为135.32%。毛长4～7 cm，毛纤维细度52～58支，剪毛量成年公羊3～4 kg，母羊1.5～2.2 kg。

20世纪80年代以来，我国内蒙古、河北、河南等省区先后引进夏洛来羊，与当地品种母羊杂交，获得了较好的效果。内蒙古的夏杂一代羊6月龄羔羊体重可达40.2 kg，胴体重19.5 kg，屠宰率48.5%。山西的夏杂一代羊10月龄体重可达49.2 kg，胴体重27.16 kg，屠宰率55.2%。黑龙江的夏杂一代羊屠宰前活重可达41.09～45.81 kg，胴体重17.86～21.12 kg，夏洛来羊在我国大部分地区杂交改良效果明显。

3.无角陶塞特羊

产地　原产于大洋洲的澳大利亚和新西兰。无角陶塞特羊是适于我国工厂化养羊生产的理想品种之一。以此品种羊作终端父本对我国的地方品种进行杂交改良,可以显著提高产肉力和胴体品质,特别是利用羔羊生长发育快的特性进行肥羔生产,具有巨大潜力。

体型外貌　公、母羊均无角,颈粗短,胸宽深,背腰平直,躯体呈圆桶状,四肢粗短。后躯丰满,面部、四肢及蹄白色,被毛白色。体质结实,头短而宽(彩图 3)。

生产性能　该品种具早熟,生长发育快,具有全年发情和耐热及适应干燥气候的特点。体重成年公羊 90～100 kg,母羊 55～65 kg。经过肥育的 4 月龄羔羊胴体重,公羔为 22 kg,母羔为 19.7 kg。胴体品质和产肉性能好。剪毛量 2～3 kg,毛长 7.5～10 cm,毛细 56～58 支。产羔率平均为 150%以上。

在 20 世纪 80 年代末和 90 年代初,我国新疆和内蒙古自治区及中国农业科学院畜牧研究所从澳大利亚引入无角陶塞特羊,饲养结果表明,冬、春季舍饲 5 个月,其余季节放牧,基本上能够适应我国大多数省区的草场和农区饲养条件。除进行纯种繁育外,采用无角陶塞特羊与低代细毛杂种羊、哈萨克羊、阿勒泰羊、蒙古羊、卡拉库尔羊、小尾寒羊和粗毛羊杂交,杂交效果也十分明显。

4.德国肉用美利奴羊

产地　原产于德国,主要分布在萨克林州农区。该品种是育成内蒙古细毛羊的父系品种之一,是我国发展毛肉兼用可供选择的主要父系品种之一。

外貌特征　体格大,成熟早,胸深宽,背腰平直,肌肉丰满,后躯发育良好。被毛白色,密而长,弯曲明显。公、母羊均无角,颈部及体躯皆无皱褶(彩图 4)。

生产性能　体重成年公羊 100～140 kg,母羊 70～80 kg。羔羊生长发育快,日增重 300～350 g,130 d 可屠宰,活重可达 38～

45 kg,胴体重 18～22 kg,屠宰率 47%～51%。毛密而长,弯曲明显。毛长公羊 8～10 cm,母羊 6～8 cm。毛细公羊 22～26 支,母羊 22～24 支。剪毛量公羊 7～10 kg,母羊 4～5 kg,净毛率 40%～50%。繁殖能力强,性早熟,产羔率 150%～250%。

该品种于 20 世纪 50 年代末和 60 年代初引入我国,饲养在辽宁、内蒙古、山西、河北、山东、安徽、江苏、河南、陕西、甘肃、青海、云南等省、自治区。该品种对干燥气候、降水量少的地区有良好的适应能力且耐粗饲。除进行纯种繁殖外,曾与蒙古羊、西藏羊、小尾寒羊和同羊杂交,后代被毛品质明显改善,生长发育快,产肉性能良好。

5.特克塞尔羊

产地　特克塞尔羊原产于荷兰特克塞尔岛沿岸。

外貌特征　白脸,头、腿无绒毛,体格大,颈中等长、较粗,胸圆,鬐甲平,背腰平直而宽,肌肉丰满,后躯发育良好(彩图 5)。

生产性能　成年公羊体重 115～130 kg,母羊 75～80 kg。母羊性成熟大约 7 个月,繁殖季节接近 5 个月,产羔率高,初产母羊产羔率 130%,2 胎产羔率 170%,3 胎以上可达 195%。母性强,泌乳性能好,羔羊生长发育快,双羔羊日增重达 250 g,断奶重(12 周龄)平均 25 kg,24 周龄屠宰体重平均为 44 kg,胴体品质好,肉骨比、肉脂比高。剪毛量中等,产毛量 3.5～5.5 kg,净毛率 60%,细度 46～56 支纱。

特克塞尔羊已被引入德、法、英等国,主要作为生产肥羔的父系品种。我国于 1995 年引入黑龙江等地,适应性良好,14 月龄公羊体重可达 100 kg,母羊 73 kg 左右,30～70 日龄日增重 330～425 kg,产羔率 200%。

6.罗姆尼羊

产地　原产于英国南部肯特郡,故又称肯特羊。在英国等其他国家，罗姆尼羊与其他品种进行经济杂交，以生产肉用肥羔和杂交种羊毛。

外貌特征　头略显狭长，公、母羊无角，额颈短，体躯宽深，背部较长，前躯和胸部丰满，体质结实，后躯发达，腿短骨细，肉用体型好。被毛白色，光泽好，羊毛中等弯曲，匀度好。蹄为黑色，鼻和唇为暗色，耳及四肢下部皮肤有色素斑点和小黑点（彩图 6）。

生产性能　成年公羊体重平均 100～120 kg，成年母羊 80～90 kg；剪毛量成年公羊为 6～8 kg，成年母羊为 3～4 kg，净毛率 50%～60%，毛长 13～18 cm，细度 48～50 支。产羔率 120%左右。成年公羊胴体重 70 kg，成年母羊胴体重 40 kg，4 月龄羔羊育肥的胴体公羔为 22.4 kg，母羔为 20.6 kg，屠宰率 55%左右。

20 世纪 60 年代中期我国从英国、新西兰、澳大利亚等地引入罗姆尼羊，分布在山东、江苏、四川、河北、云南、甘肃、内蒙古等地，在沿海地带表现较好，在良好的饲养条件下能发挥其优良特征。用罗姆尼羊作为父系改良地方羊种，后代的肉用体型表现良好，羊毛品质也得到改善。

7. 杜泊羊

产地　杜泊羊原产于南非。

外貌特征　杜泊羊属于粗毛羊，有黑头和白头两种，大部分无角，被毛白色，可季节性脱毛，短瘦尾。杜泊羊体形大，呈典型的筒状，胸深宽，后躯丰满，四肢粗壮结实（彩图 7）。

生产性能　成年公羊体重 90～120 kg，母羊 60～80 kg，羔羊初生重 5.5 kg，羔羊 105～120 d 体重可达 36 kg，胴体重达 16 kg。母羊可常年发情，可达两年三产，繁殖率 150%，产羔率 200%，母羊泌乳性能好，护羔性好。杜泊羊的适应性、抗逆性很强，耐粗饲。

世界上已有不少国家作为肉用羊引进，我国也于2001年引进该品种并与小尾寒羊进行了杂交改良试验，取得良好效果。

8.波尔山羊

产地 原产于南非共和国，是世界上最优秀的肉用性能突出的山羊。波尔山羊分为5个类型：普通型、长毛型、无角型、土种型及改良型。改良型的波尔山羊分布最广，并已出口德国、澳大利亚、德国、新西兰等许多国家。

外貌特征 波尔山羊具有强壮的四肢，体躯长、宽、深，腿部和臀部丰满，四肢结实有力。毛色为白色，头、耳、颈部颜色可以是浅红色至深红色，但不超过肩部，双侧眼睑有色(彩图8)。

生产性能 波尔山羊体格大，生长发育快。成年公羊体重90～135 kg，母羊60～90 kg，羔羊初生重3～4 kg，断奶前日增重一般在200 g以上，6月龄体重达到30 kg以上。产肉性能突出，8～10月龄公羊屠宰率为48%，1岁、2岁和3岁时分别可达到50%、52%和56%。胴体瘦而不干，肉厚而不肥，色泽纯正，膻味小，肉质多汁鲜嫩，适口性好，备受消费者的欢迎，在市场上是紧俏的肉产品。波尔山羊板皮的皮革价值较高(改良型)，以毛浅、细而短的板皮为上乘，是制革工业的理想原料。波尔山羊性成熟早，多胎性能突出。157日龄体重达到27.4 kg时，即出现初情期。每头母羊平均每年产羔1.9只，断奶羔羊1.64只，3.5岁母羊平均产羔2.26只，断奶成活1.96只。母羊的多胎比例高，单胎母羊比例为7%，双胎母羊为56.5%，3胎母羊为33.2%，4胎母羊为2.4%，5胎母羊为0.4%。波尔山羊繁殖率高，无明显的繁殖季节，秋季发情率高，春、夏季较低。泌乳力高，日产奶量可达2.5 L。

我国自20世纪90年代开始引进，与当地品种杂交对于提高产肉力效果明显。该品种是理想的工厂化高效养羊的选用品种，在高标准的饲养和管理体系下，波尔山羊的生产潜力很大。

三、我国地方的肉用绵、山羊品种

1.大尾寒羊

产地及分布　原产于河北、河南和山东三省交界地区，现以河北大尾寒羊数量较多。

外貌特征　头稍长，鼻梁隆起，耳大下垂，公、母羊均无角。颈细稍长，前躯发育欠佳，后肢发育良好，尻部倾斜，乳房发育良好。脂尾大肥厚，长过飞节，有的接近或拖及地面，毛白色。被毛绝大多数为白色，杂色斑点少，腹下基本无毛(彩图 9)。

生产性能　成年公、母羊平均体重分别为 72 kg 和 52 kg；尾重成年母羊 10 kg 左右，种公羊高达 35 kg。成年公、母羊年平均剪毛量分别为 3.3 kg 和 2.7 kg；毛长 10.4 cm 和 10.20 cm，净毛率 45%～63%。成年公羊屠宰率 54.21%，净肉率 45.11%，尾脂重 7.80 kg。性成熟早，母羊一般为 5～7 月龄，公羊为 6～8 月龄。母羊初配年龄 10～12 月龄，公羊 1.5～2 岁开始配种。全年发情，一年可两产或两年三产。产羔率为 185%～205%。大尾寒羊生长发育快，成熟早，产肉性能好，繁殖率高，以被毛品质好而闻名。

2.小尾寒羊

产地及分布　河南新乡、开封地区，山东菏泽、济宁地区以及河北南部、江苏北部、淮北等地。其祖先是北方草原地区迁移过来的蒙古羊，在长期细致选育下，生长快，繁殖力高，适宜分散饲养、舍饲为主的农区优良品种。

外貌特征　小尾寒羊四肢较长，体躯高大，前后躯都较发达。脂尾短，一般都在飞节以上。公羊有角，呈螺旋状；母羊半数有角，角小。头、颈较长，鼻梁稍隆起，耳大下垂。被毛为白色，少数在头部及四肢有黑褐色斑点、斑块(彩图 10)。

生产性能　成年公、母羊平均体重分别为 94.1 kg 和 48.7 kg；3 月龄公、母羔平均断奶重可达 20.8 kg 和 17.2 kg。公、母羊年平均剪毛量分别为3.5 kg和2.1 kg，净毛率为63%。3月龄羔羊平均胴体重8.49 kg，净肉重6.58 kg，屠宰率为50.6%，净肉率为39.21%；周岁公羊平均胴体重40.48 kg，净肉重33.41 kg，屠宰率和净肉率分别为55.60%和45.89%。小尾寒羊性成熟早，母羊5～6月龄发情，公羊7～8月龄可配种，母羊全年发情，可一年两产或两年三产，产羔率平均261%，是一个较为理想的肉羊经济杂交母本。

3.乌珠穆沁羊

产地及分布　内蒙古自治区锡林郭勒盟东北部东乌珠穆沁旗和西乌珠穆沁旗，以及毗邻的阿巴哈纳尔旗、阿巴嘎旗部分地区。

外貌特征　体格高大，体躯长，背腰宽，肌肉丰满，全身骨骼坚实，结构匀称。鼻梁隆起，额稍宽，耳大下垂或半下垂。公羊多数有半螺旋状角，母羊多数无角。脂尾厚而肥大，呈椭圆形。尾的正中线出现纵沟，脂尾分成左右两半。毛色混杂，全白者占10.43%，体躯为白色、头颈为黑色者占62.1%，体躯杂色者占11.74%（彩图11）。

生产性能　乌珠穆沁羊生长发育快，4月龄体重公、母羔分别为33.9 kg和32.1 kg。成年公、母羊体重分别为74.43 kg和58.4 kg。屠宰率平均为51.4%，净肉率45.64%。母羊一年一产，平均产羔率为100.2%。

4.阿勒泰肉用细毛羊

产地及分布　由新疆生产建设兵团农十师181团培育的我国第一个肉用细毛羊品种。

外貌特征　该品种羊体质结实，母羊无角，体躯呈圆筒形，肉用体型明显。背毛白色，羊毛同质（彩图12）。

生产性能　成年公羊剪毛量9.2 kg，净毛率55%，毛长9.84 cm；母羊的上述指标分别为4.26 kg，51.92%和7.26 cm。该品种生长发育快，成熟早，体格大，成年公羊体重107.3 kg，母羊 55.54 kg。在良好的饲养条件下，6 月龄公羔体重平均达 49.7 kg，周岁平均为 77.3 kg，屠宰率 50.25% 以上，净肉重 17.24～17.55 kg，瘦肉重 13.41～14.70 kg，骨肉比 1∶（3.4～4.41）。

阿勒泰肉用细毛羊对高纬度寒冷地区有良好的适应性，既能适应高山放牧，也能在平原舍饲。该品种产肉性能和羊肉品质均较突出，符合工厂化高效养羊生产对品种特性的要求，适应集约化饲养。

5. 南江黄羊

产地　原产于四川省南江县。该品种具有生长发育快、体格大、肉用性能好和适应性强等特点。

外貌特征　南江黄羊头大小适中，耳大且长，鼻梁微拱。公、母羊分有角与无角两种类型。背腰平直，前胸深广，尻部略斜，四肢粗长，蹄质结实，整个躯干呈圆筒状。被毛呈黄褐色，但颜面毛色为黄黑色。鼻梁两侧有一对称的黄白色条纹，从头顶沿背脊至尾根有一条宽窄不等的黑色毛带，公羊前胸、颈下有较长的黑黄色毛，四肢上端着生黑色较长粗毛（彩图 13）。

生产性能　南江黄羊周岁公羊体重 34.43 kg，母羊 27.34 kg；成年公羊 60.56 kg，母羊 41.2 kg。6 月龄羯羊胴体重 9.71 kg，屠宰率可达 47.01%，胴体净肉率为 73.01%。南江黄羊性成熟早，3 月龄就可以出现初情期，但母羊以 6～8 月龄，公羊以 12～18 月龄配种为佳。母羊平均产羔率为 194.62%，其中经产母羊为 205.29%。南江黄羊板皮质地优良，细致结实，抗张强度高，延伸率大，尤以 6～12 月龄的羔羊皮张为好，厚薄均匀，富有弹性。

南江黄羊在全国各地均有推广，改良效果明显。该品种特性符合工厂化高效养羊的要求。

6. 成都麻羊

产地　主要分布在川西平原四周的丘陵和低山地区。

外貌特征　被毛呈棕红色，犹如赤铜，又名四川铜羊。单根毛纤维上、中、下段颜色分别为黑、棕红、灰黑色，故名麻羊。公、母羊大多有角，有须。沿颈、肩、背、腰至尾根，肩甲两侧至前臂，各有一条黑色毛带，形成“十”字架形结构。公羊前躯发达，体态雄健，体形呈长方形，母羊背腰平直，后躯深广（彩图 14）。

生产性能　成年公羊体重 43.0 kg，母羊 32.6 kg。生长快，夏、秋季抓膘能力强。板皮品质良好，皮板致密，弹性良好，质地柔软，耐磨损。母羊常年发情，可年产两胎，产羔率平均 210.0%。母羊有 5 个月的泌乳期，可产奶 150～200 kg。

7.马头山羊

产地　马头山羊是湖北省、湖南省肉皮兼用的地方优良品种之一，主产于湖北省十堰、恩施等地区和湖南省常德、黔阳等地区。

外貌特征　母羊均无角，头形似马，性情迟钝，群众俗称“懒羊”。头较长，大小中等，公羊 4 月龄后额顶部长出长毛（雄性特征），并渐伸长，可遮至眼眶上缘，长久不脱，去势 1 个月后就全部脱光，不再复生。马头羊体形呈长方形，结构匀称，骨骼坚实，背腰平直，肋骨开张良好，臀部宽大，稍倾斜，尾短而上翘。乳房发育尚可。四肢坚强有力，行走时步态如马，频频点头。马头山羊皮厚而松软，毛稀无绒。毛被白色为主，有少量黑色和麻色。按毛短可分为长毛型和短毛型两种类型（彩图 15）。

生产性能　成年公羊平均体重 43.8 kg，母羊 33.7 kg，羯羊 47.4 kg。早期肥育效果好，可生产肥羔肉，肉质鲜嫩，膻味小。板皮品质良好，张幅大，平均面积 8 190 cm^2。所产粗毛洁白、均匀，可制作毛笔、毛刷。繁殖性能高，性成熟早，母羊一年可产两胎，初产母羊多产单羔，经产母羊多产双羔。产羔率 191.9%～200.3%，母羊有 3～4 个月的泌乳期。

马头山羊抗病力强、适应性广、合群性强，易于管理，丘陵山地、河滩湖坡、农家庭院、草地均可放牧饲养，也适于圈养，在我国南方各省都能适应。华中、西南、云贵高原等地引种牧羊，表现良好，经济效益显著。

8. 板角山羊

产地　产于四川东部的万源、城口、巫溪、武隆等县，是肉用性能好的优良山羊品种。

外貌特征　公、母羊均有角、有髯，体躯呈圆筒状，肋骨拱张良好，背腰平直，四肢粗壮。毛色以白色为主，少数为黑色和杂色（彩图 16）。

生产性能　板角山羊产肉性能好，成年公羊平均体重40.5 kg，母羊 30.3 kg，2 月龄断奶公羔 9.7 kg，母羔 8.0 kg，成年羯羊宰前体重 38.9 kg，屠宰率 55.7%。皮板弹性好，质地致密，张幅大。6～7 月龄性成熟，一般两年产三胎，高山寒冷地区一年产一胎，平均产羔率为 184.0%。

本章重点提示

1. 养羊业能否大发展，选择合适的品种是关键，近十多年来，国内盛行引进小尾寒羊，用于杂交改良本地绵羊。在引进小尾寒羊还没有降温的情况下，又出现了波尔山羊引种热。“引种热”在我国已经导致了“炒种热”的现象，其结果是造成种羊价格的大幅度上涨，使肉羊生产成本迅速提高。“炒种热”使羊纯度降低，纯杂难分，结果是改而不良；盲目跟风者赔本，严重挫伤了农民养羊的积极性；造成优良种羊遗传资源的破坏，使遗传的多样性趋向于单一性，从而危及养羊业的可持续发展。

2. 广大养殖户在具体的养殖过程中，还要结合当地实际情况，应根据当地的气候与其他生态环境条件以及市场需求选择适合本地的肉羊品种，在熟悉其生活习性和消化特点的基础上进行科学的饲养管理，养殖户才能取得较好的经济效益。

第二章　羊场建设合理化

本章知识新亮点：科学合理规划羊场，创造养羊适宜环境

场址选择是关系到养羊成败和经济效益的首要问题，所以选择场址时除考虑饲养规模外，应符合当地土地利用规划的要求，充分考虑羊场及周边的饲草条件，还要符合肉羊的生活习惯及当地的社会和自然条件。羊舍的设计应做到：既有利于夏季防暑，又有利于冬季防寒；保障羊群的组织、调整和周转，草料的运输、分发，饮水的供应及粪便的清理等工作顺利进行；符合卫生防疫的需要，减少疾病的发生与传播；结实牢固，造价低廉。

一、场址的选择

肉羊场场址的选择是肉羊养殖的重要环节，也是肉羊养殖成败的关键，无论是新建肉羊场，还是在现有设施的基础上进行改建或扩建，选址时必须综合考虑自然环境、社会经济状况、畜群的生理和行为需求、卫生防疫条件、生产流通及组织管理等各种因素，科学和因地制宜地处理好相互之间的关系。

因此，肉羊场场址的选择要从肉羊的生理特点着手，结合当地环境、资源等基础条件，为肉羊创造一个最佳的生活环境。在《GB-T 18407.3—2001 农产品安全质量　无公害畜禽肉产地环境要求》和《NY-T 5151—2002 无公害食品　肉羊饲养管理准则》所要求的基础上合理选择。

1. 地势地形

应选在地势高燥、向阳避风、冬暖夏凉、排水良好、通风干燥的地方建场，切忌将场址选在低洼潮湿、排水不良、通风不畅的地方，场区地势要平坦且稍有坡度，但坡度不超过 4%。

2. 水源

羊场附近应有清洁而充足的水源，且要求四季供水均衡、水质良好、取用方便。水源附近无肉品加工厂、化工厂、农药厂、医院等污染源，离居民区不能太近，尽可能在工厂及居民区的上游取水。最好的水源是消毒过的自来水、流动的河水、泉水、溪涧水，忌向死水塘取水。

3. 交通

放牧育肥场多设在牧区，要求有广阔的草场、优良的牧草。舍饲育肥羊场多设在农区、半农半牧区，要求交通方便，便于饲草、饲料运输，但同时又不能在车站、码头或交通要道的旁边建场。

4. 饲料来源

饲草料是肉羊赖以生存的最基本条件，在以放牧为主的牧场，必须有足够的牧地和草场。以舍饲为主的农区、垦区和较集中的肉羊育肥产区，必须要有足够的饲草、饲料基地或便利的饲料原料来源。羊场周围及附近饲草，特别是像花生秧、甘薯秧、大蒜秆、大豆秆等优质农副秸秆资源必须丰富。建羊场要考虑有稳定的饲料供给，如放牧地、饲料生产基地、打草场等。

因此，对以舍饲为主的羊场，必须有足够的饲草饲料基地和便利的饲料原料来源；对以放牧为主的羊场，必须有足够的牧地和草场。切忌在草料缺乏或附近无牧地的地方建立肉羊场。

5. 疫情状况及污染情况

掌握当地及周围地区的疫情，不能在传染病及寄生虫病的疫区建场，也不要在羊场旧址上建场，羊场周围 3 km 以内无化工厂、采矿场、皮革厂、肉品加工厂、屠宰场、畜禽市场或畜牧场等污染源，羊场距干线公路、铁路、居民区和公共场所 1 km 以上，远离高压电线。羊场周围有围墙或防疫沟，并建立绿化隔离带。

二、羊场规划与布局

1. 羊场的分区规划

肉羊场通常分为生活管理区、辅助生产区、生产区和隔离区。生活管理区和辅助生产区应位于场区常年主导风向的上风处和地势较高处，隔离区位于场区常年主导风向的下风处和地势较低处（图 2-1）。

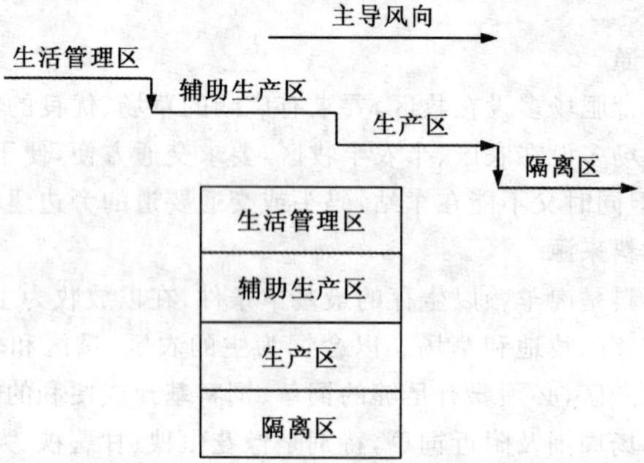

图 2-1　按地势、风向的分区规划图

引自郑中朝《新编养羊手册》，2002

生活管理区　主要包括管理人员办公室、技术人员业务用房、接待室、会议室、技术资料室、化验室、食堂、职工值班宿舍、厕所、传达室、警卫值班室以及围墙和大门，外来人员第一次更衣消毒室和车辆消毒设施等。

对生活管理区的具体规划因肉羊场规模而定。生活管理区一般应位于场区全年主导风向的上风处或侧风处，并且应在紧邻场区大门内侧集中布置。肉羊场大门应位于场区主干道与场外道路连接处，设施布置应使外来人员或车辆经过强制性消毒，并经门卫放行才能进场。

生活管理区应和生产区严格分开，与生产区之间有一定缓冲地带，生产区入口处设置第二次人员更衣消毒室和车辆消毒设施。

辅助生产区　主要是供水、供电、供热、设备维修、物资仓库、饲料贮存等设施，这些设施应靠近生产区的负荷中心布置，与生活管理区没有严格的界限要求。对于饲料仓库，则要求仓库的卸料口开在辅助生产区内，仓库的取料口开在生产区内，杜绝外来车辆进入生产区，保证生产区内外运料车互不交叉使用。

生产区　主要布置不同类型的羊舍、剪毛间、采精室、人工授精室、肉羊装车台、选种展示厅等建筑。这些设施都应设置两个出入口，分别与生活管理区和生产区相通。

隔离区　隔离区内主要是兽医室、隔离肉羊舍、尸体解剖室、病尸高压灭菌或焚烧处理设备及粪便和污水贮存与处理设施。隔离区应位于全场常年主导风向的下风处和全场场区最低处，与生产区的间距应满足兽医卫生防疫要求。绿化隔离带、隔离区内部的粪便污水处理设施和其他设施也需有适当的卫生防疫间距。隔离区内的粪便污水处理设施与生产区有专用道路相连，与场区外有专用大门和道路相通。

2.羊舍的合理布局及肉羊舍建筑

羊舍的布局　羊舍的布局是根据羊的不同生长时期的生理特点与其对环境的不同要求确定的，羊场各类羊舍的安排顺序应为公羊与空怀母羊配种舍、妊娠母羊舍、哺乳母羊舍、羔羊培育舍、生长育肥舍。种羊舍应放置在上风向，并与其他羊舍分开。公羊舍放置在较为僻静的地方，与母羊舍保持一定的距离。人工授精室应设在公羊舍附近。分娩舍应靠近羔羊培育舍，育成舍靠近肥育舍，肥育舍则应设在离场门较近的地方，便于运输。另外，为避免羊群疾病的传染、防火安全以及通风透光，每两列羊舍之间的距离应保持15～20 m，或至少不小于前排羊舍高度的2倍。为避免运输车辆进入生产区，装羊台应设在肥羊舍子下侧(下风向)。生产区的入口处应设消毒间和消毒池。羊场生产区按夏季主导风向布置在生活管理区的下风向或侧风向处，污水粪便处理设施和病死羊焚烧炉按夏季主导风向设在生产区的下风向或侧风向处，各区之间用绿化带或围墙隔离。

肉羊舍建筑　肉羊舍建筑的基本要求根据肉羊喜游走、耐寒冷、忌潮湿、怕闷热的生物学特性，多数以放牧为主，冬春产羔及恶劣气候相结合的生产管理形式，本着就地取材，经济、合理、实用的原则，肉羊舍建筑应尽量满足下列基本要求：

(1)地点地势相对较高，排水良好，通风干燥，避风向阳，接近放牧地和饲草饲料基地，水源清洁，若靠近居民点或办公室，则应建在下风方向和天然饮水源的下游。

(2)肉羊舍应有足够的面积和高度，以舍饲为主的羊舍应有足够的运动场地。羊舍的面积因肉羊的生产方向、性别、年龄、生理状况、气候条件不同而有差异，但均需以保持防暑降温为基本原则。以下数据可供参考：种公羊每只1.5～2.0 m^2；母羊0.8～1.0 m^2；妊娠母羊和哺乳母羊中冬季产羔者2.0～2.5 m^2，春季产羔者1.0～1.2 m^2；幼龄公、母羊0.5～0.6 m^2。运动场面积不少于羊舍面积的21倍，肉羊舍高度不应低于2.5 m。

(3)肉羊舍门窗、地面及通风设施，仍需注意舍内干燥、保温、防暑，便于管理，有利于排除舍内氨气、硫化氢等有害气体，保证舍内的自然光照。大群饲养的舍门宽度以2～3 m为宜，肉羊少或分栏饲养的舍门宽度不少于1.5 m。窗户面积一般为地面面积的1/5左右，距地面高1.5 m以上。南方肉羊舍可将靠运动场的墙体全部或部分修建为便于冬季遮盖的通风花墙。为避免冬季贼风的侵袭，也可在舍顶增设带有可调节装置的气墙。羊舍地面以沙壤为优，并应有一定的向外倾斜坡度，以利于排水。如果肉羊舍地面为漏缝式，地面可用平整的木条、竹条铺设，条间间隙 1～1.5 m，以利于粪尿漏下。

(4)要注意不同气候条件下自然灾害可能对肉羊舍的侵袭，如北方低气温地区可适当增加墙壁厚度，以利于保温；多风沙地区的门窗可增加盖板防风沙；盐碱地区要注意肉羊舍墙基的防腐措施；南方多雨地区羊舍房顶要有严密的防漏处理，墙基应有防潮处理和通畅的排水系统，滩涂、大风地区应尽可能减少肉羊舍受风面积，肉羊舍短边与风向垂直，长边与风向平行；北方部分夏季高温强日光辐射区及南方高温区，应有肉羊舍及运动场的遮阳设施。

(5)建筑材料要因地制宜，就地取材，经济实用。

三、羊舍的类型

1. 一字形

这种羊舍在我国(特别是北方地区)非常普遍。舍内采光充足、均匀，温度变化不大。根据羊舍通风情况分密闭式、敞开式和半开式(图 2-2)3 种。羊舍的顶棚有双坡式、单坡式和钟楼式羊舍等多种(图 2-3)。因羊只多在舍外运动场上活动或休息，所以运动场内应有草架、料槽和饮水槽。但以舍饲为主的一字形羊舍以双列式居多；双列对头式羊舍的中间为走道(图 2-4)，走道两侧修建有饲槽及饮水槽，而双列对尾式羊舍(图 2-5)的饲槽、饮水槽等应设置在两侧的墙壁处。舍内地面可用水泥、木板或砖石等铺垫。

2. 农膜暖棚式

这是北方寒冷地区冬季常采用的一种羊舍。这种羊舍经济实用，既节省资金，又能充分利用太阳能，达到保暖目的。这种羊舍常能在气候较寒冷的冬春季节，充分利用太阳能，同时还充分利用畜体自身散发的热量，从而提高羊舍的温度，避免怀孕、

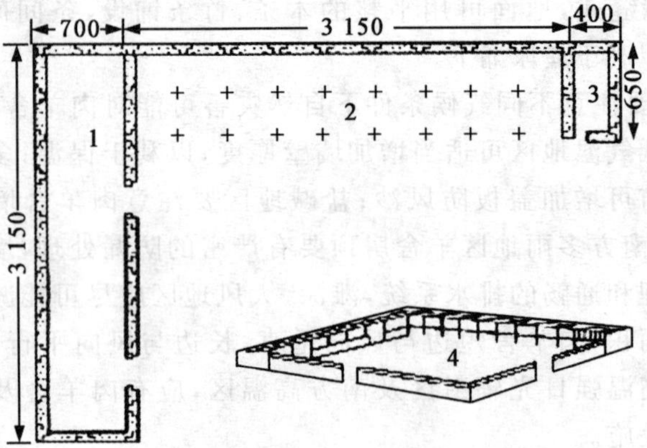

1. 半开式　2. 敞开式　3. 工作室　4. 运动场

图 2-2　一字形羊舍(单位:cm)

引自岳文斌《舍饲养羊新技术》,2003

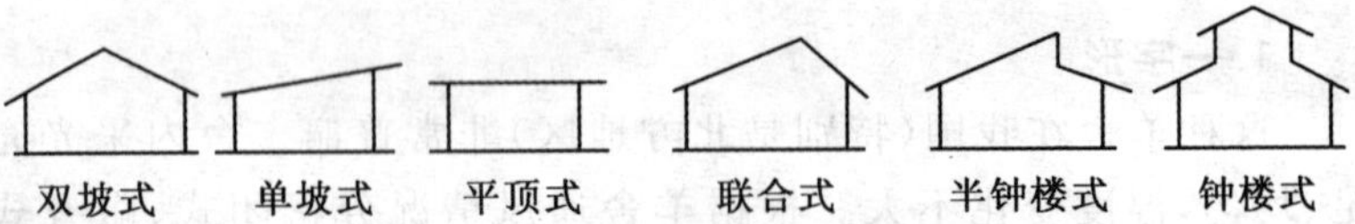

图 2-3　羊舍屋顶形式

引自李花太《舍饲养羊图诀 250 例》,2007

图 2-4　一字形对头羊舍

引自李花太《舍饲养羊图诀 250 例》,2007

图 2-5　一字形对尾羊舍

引自李花太《舍饲养羊图诀 250 例》,2007

产羔母羊和羔羊受冬春季严寒与风雪的危害。这种羊舍可利用原有三面围墙的敞棚圈舍，在距棚前房檐 2～3 m 处修筑一高 1.2 m 左右的矮墙，矮墙中间留一约 2 m 宽的门，用木条或其他材料连接矮墙与棚檐，上面覆盖农膜，并用木条加以固定，农膜与棚檐和矮墙连接处用泥土等材料压紧，防止透风，舍门以门帘遮挡。半拱形农膜暖棚见图 2-6；单斜面农膜暖棚见图 2-7。

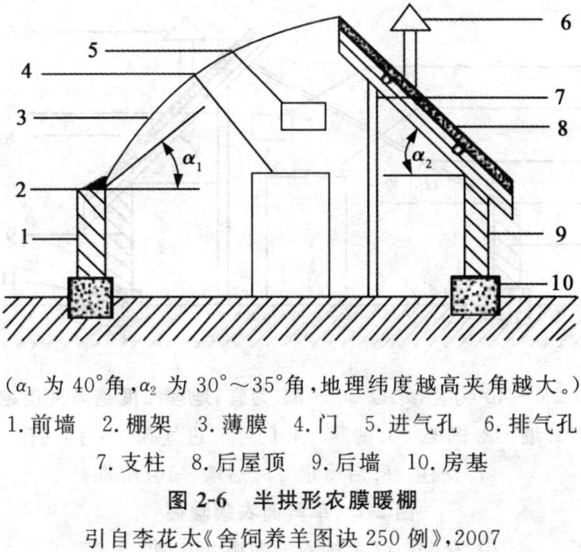

（α_1 为 40°角，α_2 为 30°～35°角，地理纬度越高夹角越大。）
1. 前墙　2. 棚架　3. 薄膜　4. 门　5. 进气孔　6. 排气孔　7. 支柱　8. 后屋顶　9. 后墙　10. 房基

图 2-6　半拱形农膜暖棚

引自李花太《舍饲养羊图诀 250 例》，2007

在羊舍的东、西两侧距地面 1.5～2.0 m 处各留一可开关的通气孔，棚顶上也需视羊舍大小留存 1～2 个适当大小的天窗。这种暖棚由于充分利用太阳能和畜体自身能量等自然资源，从而可将畜舍温度提高 10～20℃，因而基本能保证北方羊只越冬度春的需要。在经济条件许可情况下，农膜暖棚式羊舍也可完全采用钢骨架为主体，围墙及所有其他部件采用组合式的活动暖棚。采用农膜暖棚必须注意温差，无论何种形式都要注意出牧前要提前打开各通气口和舍门，逐渐降低室温，使舍内外气温基本一致时再出牧。待中午阳光充足时，再关闭舍门及通气口，提高棚内温度，并保证舍内的干燥。因农膜易破裂和老化，发现破裂和老化应及时修补。同时应及时清理舍内地面，保持地面和舍内的空气新鲜和干燥。这种羊舍造价低、节省能源、灵活机动，因而效益显著，目前在北方牧区许多地方应用和推广。

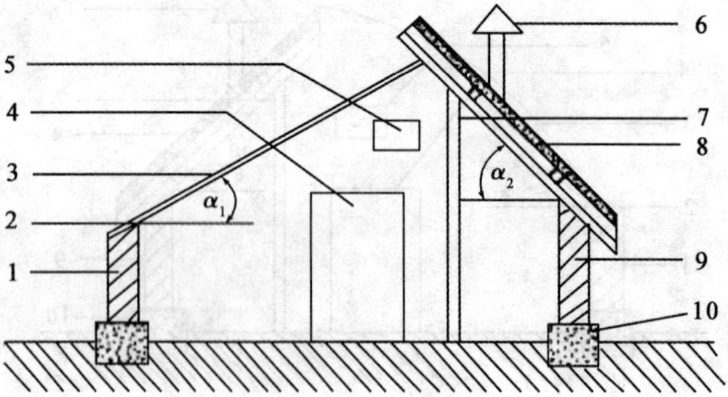

（α_1 以 25°～40°为宜，α_2 以 30°～35°为宜，地理纬度越高夹角越大。）

1.墙　2.棚架　3.薄膜　4.门　5.进气孔　6.排气孔

7.支柱　8.后屋顶　9.后墙　10.房基

图 2-7　单斜面农膜暖棚

引自李花太《舍饲养羊图诀 250 例》，2007

3.楼式

为节省占地和降低建筑成本，可修建楼式羊舍（图 2-8）。这种羊舍在我国南北方均有，但南方较普遍，主要是南方地区气候炎热多雨，地面潮湿，容易感染疾病。楼板多用木条、竹片铺设，间隙 1.0～1.5 cm，粪尿可从间隙漏下。楼板离地面高为 1.5～2.0 m。在北方夏、秋季气候炎热、多雨、潮湿时，可将羊圈在楼上；冬、春季楼上较为寒冷，可将羊圈在楼下。楼上还可用来进行剪毛，或用来贮存干草。

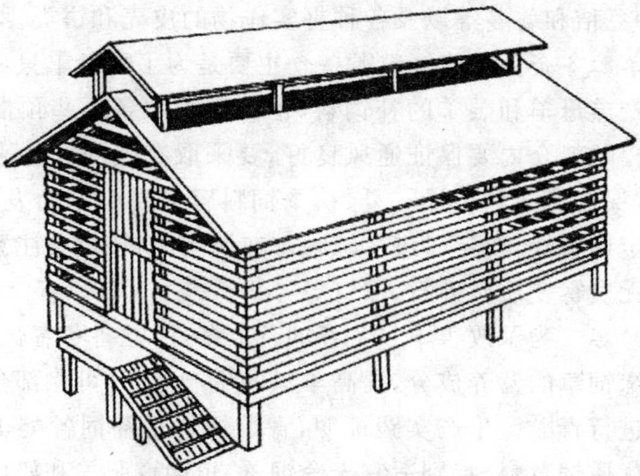

图 2-8 楼式羊舍

引自富平人网，2010

四、羊场主要设备

1.草料贮藏设备

饲草、饲料是发展养羊业的物质基础。虽然羊一年四季均可放牧，通过采食牧草可以全部或部分地满足其生长发育的需要。但是我国不同地区的季节气候差异很大，特别是北方地区一年四季的气候变化剧烈，牧草生长期短，每年枯草期长达半年之久，因此仅靠放牧不能满足羊只的营养需要，必须进行补饲。无论在牧区、农区或半农半牧区，在入冬之前根据羊的数量贮备足够的饲草和饲料，通过冬春季节的补饲，才能达到全年的均衡饲养，发展优质高效的养羊业。有条件的地方应在羊场羊舍附近修建饲草贮藏设备，这包括饲料贮备仓、干草棚、青贮窖(塔)等。

饲草贮备棚　饲草贮备棚各地有所不同，在牧区或有打草条件的半农半牧区，主要贮备刈割的青干草；农区或以种植业为主的半农半牧区，主要贮备农作物秸秆和农副加工产品，如玉米秸、稻草、各种豆秸和薯蔓等以及各种籽实作物的皮壳和饼类。

饲草贮备仓　修建饲料贮备仓主要是为了贮备羊只冬春用的饲料及产羔母羊和羔羊的补饲料，也可用来贮备一些预混料和添加剂等。贮料仓内要保证通风良好，要采取有效的方法来防鼠防雀，经常保持清洁和干燥。夏、秋季饲料容易受潮湿而发霉变质，所以要定期检查，要定时进行晾晒。在调制饲料时，要注意检查饲料中有无发霉变质及砂石、铁钉等异物。

青贮窖　为了改善羊只冬春的营养条件，贮备冬春饲草，有效保存青绿饲草的营养成分，提高羊只的生产能力，可将部分适宜的饲草料进行青贮。生产实践证明，青贮饲料是补饲各类羊只比较适宜的优质饲草料，特别适宜于舍饲羊、短期育肥羊和奶山羊。因此，应在羊舍附近修建青贮设施，以制作和保存青贮饲草料。

2. 饲槽

饲槽主要用来饲喂精料、颗粒饲料和青贮饲料等，根据建造方式和用途，大体可分为移动式、悬挂式、固定式饲槽。

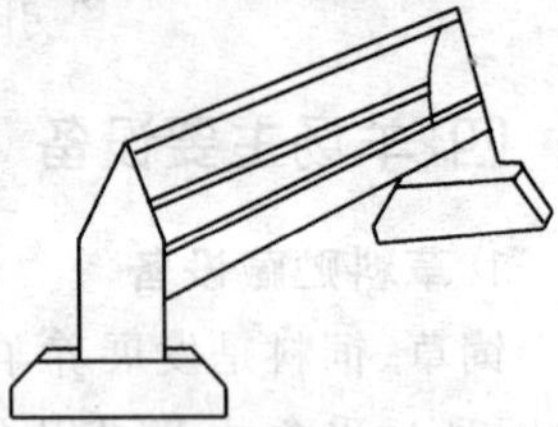

图 2-9　轻便料槽

引自岳文斌《舍饲养羊新技术》，2003

移动长条形　这种饲槽移动和存放较为灵活方便，一般用木板或铁皮制作（图 2-9），故又称之为轻便料槽，主要作冬春舍饲期妊娠母羊、泌乳母羊、羔羊、育成羊以及病弱羊只补饲用。饲槽的大小、尺寸可灵活掌握，为防止饲喂时羊只攀踏翻槽，饲槽两端最好安置临时装拆方便的固定架，若为铁皮饲槽，应在其表面喷以防锈涂料。

悬挂式　为对断奶前羔羊进行补饲，防止粪尿污染或羔羊攀踏、抢食翻槽，可将长方形饲槽两头的木板，改为高出槽缘 30 cm 左右的长条形木板，在木板上端中心部位开一圆孔，再用一长圆木棍从两孔之中插入，用绳索紧扎圆棍两端，将饲槽悬挂在羊舍补饲栏的上方，饲槽离地面高度以羔羊吃料方便为原则。

固定长条形　一般是在羊舍、运动场或专门的补饲场内，按一定距离用砖石、水泥砌成若干平行排列的固定饲槽（图 2-10）。也可紧靠四周墙壁砌成固定饲槽。以舍饲为主的羊舍，应修建永久性固定饲槽。根据羊舍的设计，若为双列式对头羊舍，饲槽应修在中间走道的两侧，若为双列式对尾羊舍，饲槽应修在靠窗户走道一侧。舍饲条件下，饲槽使用频繁，饲料种类多、数量大、体积大，饲槽宜用砖石水泥砌成，要求上宽下窄，槽底呈圆形，无死角。饲槽上宽约 50 cm，深 20～25 cm，槽高 40～50 cm。

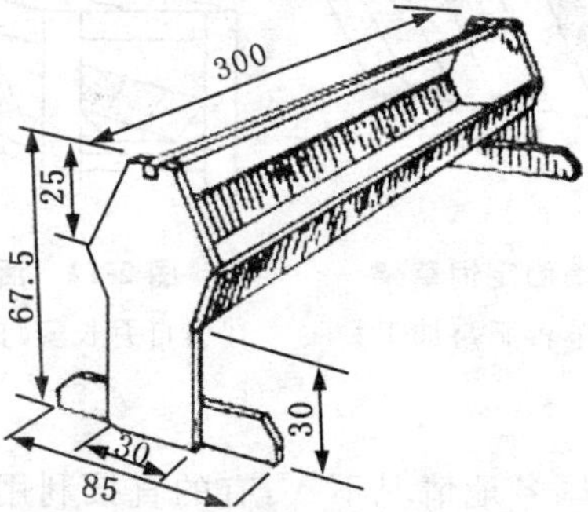

图 2-11　固定饲槽（单位：cm）
引自尹长安《肉羊育肥与加工》

圆形　圆形饲槽是在一个高 40～50 cm 的方形或圆形支架上，铺设直径约 2 m 的圆形底盘，盘的边缘高出盘底 15 cm，在离盘底边缘 15 cm 之内围一高 40～50 cm 的圆筒，靠盘底的圆筒下边，每隔 10 cm 左右留一宽 12 cm、高 20 cm 左右的方孔，在圆筒内装置一直径与圆筒内径相同的圆头锥形光滑隔板，草、料加在盘上圆筒与圆头锥形隔板之间，羊只从圆筒方孔及圆盘边缘食槽采食，草料不断从方孔下落。这种圆形饲槽可用土块、砖石、水泥制成固定式的，也可用竹条、木板、钢材制成移动式的。这种饲槽要求地面平整，多在运动场或专门的补饲场使用。

饲草架　饲草架一般可用钢筋或木料制成，有固定于墙根的单面草架(图 2-11)，有排放在饲喂场地内的双面草架，草架的形状为直角三角形和等腰三角形或梯形、正方形(图 2-12)。草架隔栅间距为 9～10 cm，若使羊头伸入栅内采食饲草，间距放宽至 15～20 cm。草架的作用是防止羊只采食互相干扰，踏入草架，饲草落在羊身上影响羊毛质量。

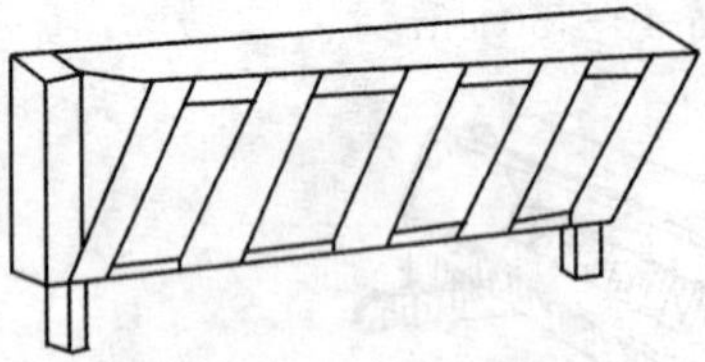

图 2-11　靠墙固定饲草架

引自尹长安《肉羊育肥与加工》

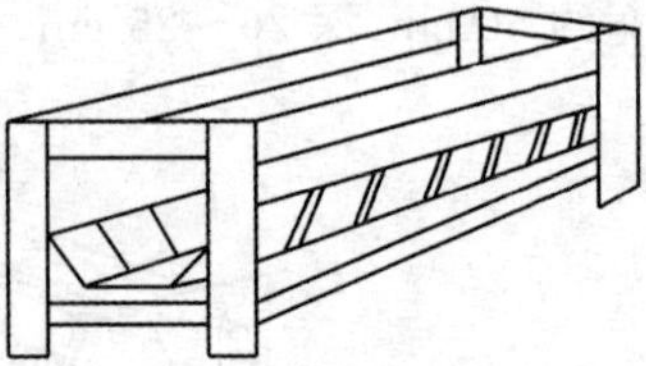

图 2-12　活动式饲草架

引自尹长安《肉羊育肥与加工》

3.饮水设备

养羊饮水全国各地情况不一，有的直接利用湖水、塘水、河水和降雪降雨积水；有的利用井水和饮水槽；也有使用先进的自动饮水器等。在干旱缺水地区，若当地无河流湖泊，多饮用井水或降雨积水。凡利用这种饮水方式的地区，水井或饮水池，应建在离羊舍 100 m 以上而且地势稍高的地方。为保持水源洁净，不受污染，应进行以下防护：离水井或贮水池 3～5 m 远处设防护栏或围墙，维护水质的卫生；井口或贮水池口加设口盖，避免脏物入水；水井或贮水池周围 30 m 范围内不得建有厕所、渗水坑、贮粪坑、垃圾堆或废渣堆等污染源；距离水井或贮水池一段距离设置饮水槽，防止羊只的粪、尿或其他污水倒流入水井或水池。

随着我国大规模集约化养羊业的发展，自动饮水器将在养羊业生产中得到广泛的应用。目前，我国还没有定型的羊用饮水器生产，但可根据浮子式或真空泵式原理自行设计制作，也可参考牛或猪用的杯式饮水器进行制作。

4. 活动围栏

活动围栏可供随时分割羊群之用。在产羔时，也可以用活动围栏临时间隔为母子小圈、中圈等（图 2-13）。

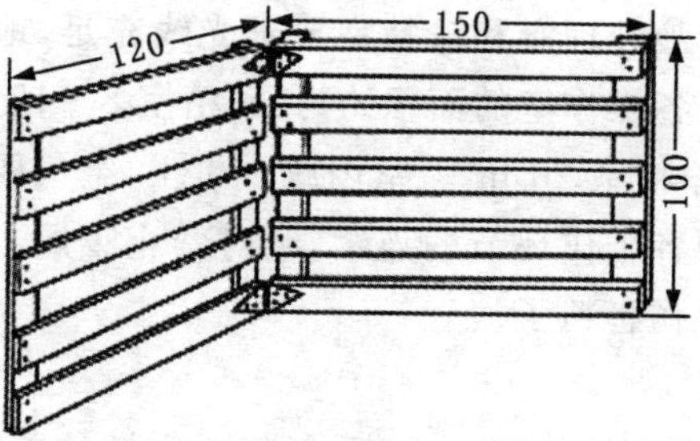

图 2-13　折叠围栏（单位：cm）

引自岳文斌《舍饲养羊新技术》，2003

5. 兽医室

养羊生产中经常会遇到羊发生疾病，对发病的羊只若治疗不及时，将会影响生产，甚至造成巨大的经济损失。为了能够对发病的羊只及时治疗，特别是对各羊群提前进行疾病预防，各羊场都应修建兽医室和配备一定的药品和器械。

兽医室需要配备有消毒器械、手术器械、诊断器械、投药和注射器械等，还应在羊群的兽医防治工作中逐步实现机械化和自动化，以减轻体力劳动，提高劳动效率。

兽医室应定期对羊舍进行清扫和药品喷洒消毒，一般每日消毒 1～2 次。兽医人员应建立常规的检疫制度，对布鲁氏菌病、破伤风、狂犬病、羊肠毒血症、羊快疫、羔羊痢疾、羊痘等要定期进行检疫和免疫注射等，如发现有可疑的病羊，应及时进行隔离治疗，并彻底消毒。同时，应经常对羊群进行观察，以便能及时发现和做出诊断，从而做到对症治疗。

6. 人工授精室

人工授精对于良种的推广和繁殖起着很重要的作用，它能充分发挥优秀种公羊的配种能力，减少家畜疾病传染和不孕症，提供可靠的配种记录，减少种公畜的饲养费用。

采精室、精液处理室和输精室要求光线充足，地面坚实，以方便清洁和操作，各操作室的面积约为：采精室 8～12 m^2，精液处理室 8～12 m^2，输精室 20 m^2。室内减少尘土，空气要新鲜，并且互相连接，以方便各工作环节的连续，绝对禁止吸烟，不要放置有气味的药品，避免伤害精子。

7. 药浴池

为了防治疥癣等外寄生虫病，每年要定期给羊群药浴。没有淋药装置或流动式药浴设备的羊场，应在不对人、畜、水源、环境造成污染的地点建药浴池，药浴池一般为长方形水沟状，用水泥筑成，池深 0.8～1 m，长 5～10 m。上口宽 0.6～0.8 m，底宽 0.4～0.6 m，以单羊通过而不能转身为宜。池的入口端为陡坡，方便羊只迅速入池。出口端为台阶式缓坡，以便浴后羊只攀登。

入口端设漏斗形贮羊圈，也可用活动围栏。出口设滴流台，以使浴后羊身上多余药液流回池内。装药液量不应淹没羊的头部。贮羊圈和滴流台大小可根据羊只数量确定。但必须用水泥浇筑地面。在药浴池旁安装炉灶，以便烧水配药。在药浴池附近应有水源。

农户小型羊场药浴池一般可修建在羊舍周围，长 1～1.2 m，宽 0.6～0.8 m，深 0.8 m。先按设计尺寸挖一个长方形坑，底部和四周分别用石板平铺，然后用水泥抹缝，也可用砖或石料铺底砌墙，用砂浆抹面(图 2-14)。

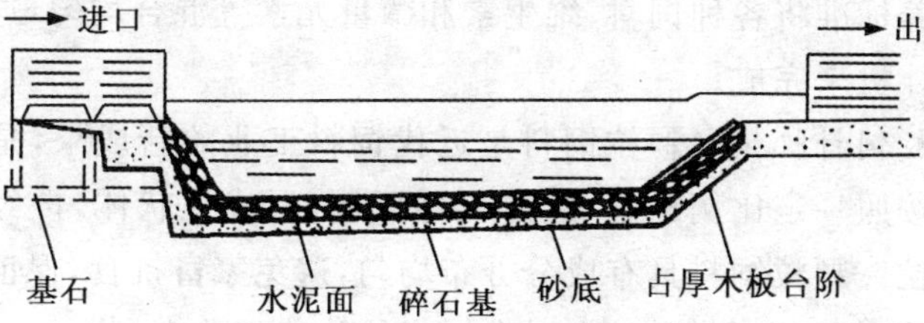

图 2-14 药浴池纵剖面

引自岳文斌《舍饲养羊新技术》,2003

8.草料加工设备

为保证正常养羊业生产,改善羊的营养状况和提高饲养水平,对精、粗饲料进行加工调制,以提高饲草、料利用率,减少浪费。须利用饲料加工机械来完成草料加工。养羊生产中常用的饲料加工机械有青干饲草与作物秸秆切碎机,饲料粉碎机,饲料压粒、压块机,秸秆调制与化学处理机和热喷机等。

收割机械 从调制工艺的角度,可将这类机械分为分段与联合收获调制机械两种。前者是先用机械或人工收获青饲作物,再用切碎机切碎装入青贮设施压紧密封,虽然收获时间长,劳动生产率低,但设备简单,成本低,易推广。后者是用联合收割机在收获的同时进行切碎,抛入自卸拖车后运回场内,直接卸入或用风机吹入青贮窖内,这种工艺可全盘机械化,劳动生产率高,青贮饲料质量高,适宜大型羊场。

粉碎机械 常用的饲料粉碎机有锤片式和齿爪式粉碎机两种。锤片式粉碎机的主要特点是通用性广,对饲料的湿度敏感性小,调节粉碎度方便,粉碎质量好,使用维修方便,生产效率高,不足之处是动力消耗比较大;齿爪式饲料粉碎机具有结构紧凑、体积小、重量轻等优点,适用于粉碎含纤维较少的籽粒饲料。

混合机械 饲料混合机又称饲料搅拌机。羊的科学饲养,需要按饲养标准将各种饲料、维生素和微量元素等混合均匀，这就需要用搅拌机来完成。

颗粒饲料机械　颗粒饲料是近代饲料工业的新成果，是将粉状饲料按照一定比例配合，经过机器压制，形成柱状体，再经切刀割成颗粒。颗粒饲料具有成分分布均匀，避免家畜挑食，保证家畜全价营养，便于贮藏等特点，对发展集约化养殖业有利。

牧草收获机械　牧草收获机械是现代养羊业必不可少的主要机械之一，其作用是通过割、搂、集、捆、垛等工序为养羊生产贮备优质干草。此类机械按其用途可分为割草机、搂草机、饲草压扁机、拾压捆机、装载机和集垛机等。

压粒、压块机械　近年来，随着生产的发展和科技的进步，牧草和各类作物秸秆等粗饲料的复合化学处理、压粒和压块机械的研制和生产发展很快。压粒、压块机械包括粉碎机，牧草、秸秆、精料及各种添加成分的喂入与计量装置，混合机，压粒压块机的冷却器等。此类机具的主要优点是：牧草、秸秆经切铡、粉碎后可压制成的 600～900 kg/m^3 的草块，其堆集密度比散贮存要高许多，便于实现装载、贮存和饲喂作业的机械化，降低贮运成本。

目前我国养羊生产中饲喂颗粒或块状粗饲料的还不多，随着养羊生产集约化规模的扩大及饲养管理水平的提高，在条件较好的种羊场、育肥场、奶山羊场、集中的饲料生产基地和社会化服务较好的商品羊生产基地，推广粗饲料复合化学处理，压粒和压块机械是非常必要的。

注意　养羊生产可供选择的饲草料加工设备有许多，但各羊场可根据自己的人力和财力条件以及当地的生态条件等因素来决定选择使用哪些设备，从而做到既经济又有效地发展当地养羊生产。

本章重点提示

1. 羊场在建设之前，一定要做全面细致的考察，合理规划，科学建场，充分利用当地的自然资源，降低成本。

2. 选择场址要考虑到地形地势、饲草来源、饮水以及要有懂饲养管理和兽医技术的人员，另外建场时要避开多雨的季节。

3. 各羊场在选择设备和饲草加工机械时，要全面考虑本场的实际情况，结合自己的人力和财力慎重选择，切忌盲目效仿，造成不必要的浪费。

第三章　肉羊饲养管理规范化

本章知识新亮点:增强科技意识,生产优质羊肉

从我国整个肉羊养殖的发展水平来看,传统的经营方式和粗放式喂养仍占主导地位,科技对农民养羊增收的贡献率仍然很低,这些严重地制约了肉羊养殖经济效益的充分发挥。要适应现代肉羊生产发展的需要,必须从推广科学养羊实用技术入手,严格按照肉羊养殖的技术规程,增加肉羊养殖的科技含量,降低养殖成本,从而提升肉羊养殖的经济效益。

随着人民生活水平的提高,消费者对肉食的需求由过去的脂肪型转向瘦肉型,特别是对无污染、安全、优质的无公害食品十分关注。在肉羊生产过程中,加强对饲料,环境,兽药,羊产品加工、销售等环节的监督与管理,才能生产出优质健康的羊肉及产品,保证人民的身体健康。

一、肉羊的消化生理特点

1.消化器官特点

羊没有上门齿和犬齿,采食时用下门齿啃食短草和草根,或借助于上唇、舌和下门齿摄取食物。

羊属反刍动物,是具有区分为四室的复胃(图 3-1)。第一个胃叫瘤胃,容积较大,可作为临时的"贮存库"。第二个胃叫网胃,为球形,内壁分隔成很多网格如蜂巢状故又称蜂巢胃。第三个胃叫瓣胃,内壁有无数纵列的褶膜,对食物进行机械性压榨作用。第四个胃叫皱胃,类似单胃动物的胃,胃壁黏膜有腺体分布。前三个胃由于没有腺体组织，不能分泌酸和消化酶类，对饲料起发酵和机械性消化作用，称为前胃。第四个胃具有分泌盐酸和胃蛋白酶的作用，可对食物进行化学性消化，又称真胃。成年绵羊4个胃总容积近30 L，相当于整个消化道容积的66.9%，瘤胃最大，皱胃次之，网胃较小，瓣胃最小。依次占复胃总容积的了78.7%、11.0%、8.6%和1.7%。

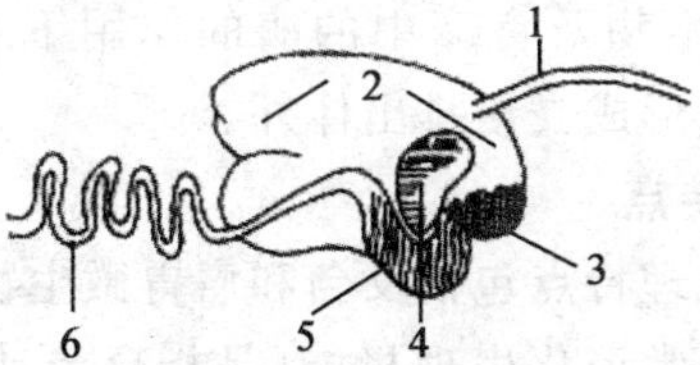

1.食道 2.瘤胃(第一胃) 3.网胃(第二胃)
4.瓣胃(第三胃) 5.皱胃(第四胃) 6.小肠

图3-1 羊的消化系统

羊胃的大小和机能随年龄的增长发生变化。初生羔羊的前三胃很小，结构还不完善，微生物区系尚未健全，不能消化粗纤维，初生羔羊只能靠母乳生活。此时母乳不接触前三胃的胃壁，靠食道沟的闭锁作用，直接进入真胃，由真胃凝乳酶进行消化。随着日龄的增长，消化系统特别是前三胃不断发育完善，一般羔羊生后10～14 d开始补饲一些容易消化的精料和优质牧草，以促进瘤胃发育；到1个半月时，瘤胃和网胃重占全胃的比例已达到成年的程度。此时应及时采食植物性饲料，加速瘤胃的生长发育，并且逐步建立起完善的微生物区系。采食的植物性饲料为微生物的繁殖、生长创造了营养条件，反过来微生物区系又增强了对植物饲料的消化利用。因此，瘤胃的发育，植物性饲料的利用以及瘤胃微生物的活动，三者是相辅相成的。

小肠是羊消化和吸收的重要器官，长度为17～34 m(平均约25 m)，细长而曲折，有利于饲料营养成分的吸收。肠黏膜中分布有大量的腺体,可以分泌蛋白酶、脂肪酶和淀粉酶等消化酶类。胃内容物进入小肠后,在各种酶的作用下进行消化,分解为一些简单的营养物质经绒毛膜吸收;尚未完全消化的食物残渣与大量水分一起,随小肠蠕动而被推进到大肠。

大肠长度为 4～13 m(平均约 7 m),无分泌消化液的功能,其作用主要是吸收水分和形成粪便。小肠内未完全消化的食物残渣,可在大肠内微生物及食糜中的酶的作用下继续消化和吸收。吸收水分后的残渣形成粪便排出体外。

2. 消化生理特点

肉羊的消化生理特点包括反刍和瘤胃微生物的作用。

反刍是羊的正常消化生理机能,是指反刍动物在食物消化前把食团吐出经过再咀嚼和再咽下的活动。其机制是饲草刺激网胃、瘤胃前庭和食管沟的黏膜,反射性引起逆呕。羊在短时间内能采食大量的草料,经瘤胃浸软、混合和发酵,随即出现反刍。反刍时,羊先将食团逆呕到口腔内,与唾液充分混合,反复咀嚼 70～80 次后再咽入腹中,如此逐一反复进行。有利于瘤胃微生物的活动和粗饲料的分解。羊每日反刍次数为 8 次左右,逆呕食团约 500 个,分 4～8 次,每次 40～70 min,有时可达 1.5～2 h。反刍次数及持续时间与草料种类、品质、调制方法及羊的体况有关。采食牧草粗纤维含量高,反刍时间延长,相反缩短。

羔羊生后约 30 d 开始出现反刍行为,羔羊在哺乳期,早期补饲容易消化的植物性饲料,能刺激前胃的发育,可提早出现反刍行为。

当羊过度疲劳、患病或受到外界的强烈刺激时,会造成反刍紊乱或停止,引起瘤胃臌气,对羊的健康不利。

瘤胃是反刍动物所特有的消化器官,是食物的贮存库,除机械作用外,瘤胃内有广泛的微生物区系活动,共生有大量的嫌气性微生物(细菌和原虫),是一个高效且连续接种的活体发酵罐。瘤胃内的微生物，对羊食入草料的消化和营养，具有重要意义。主要微生物有细菌、纤毛虫和厌气性真菌，其中，起主导作用的是细菌。据测定，每克羊瘤胃内容物中，细菌数量高达150亿个以上，纤毛虫为60万～180万个。

瘤胃的消化是通过微生物来完成的。消化代谢通过反刍来调节的。瘤胃微生物对羊的特殊营养作用，可以概括为以下几个方面：消化碳水化合物（尤其是粗纤维）能力极强；合成微生物蛋白，改善日粮品质；氢化脂类（不饱和脂肪酸）；合成维生素。

羊采食饲料中55％～95％的可溶性碳水化合物、70％～95％的粗纤维是瘤胃中被消化的。反刍家畜之所以区别于单胃动物，能够以含粗纤维较高、质量较差的饲草维持生命并进行生产，就是因具有瘤胃微生物。在瘤胃的机械作用和微生物酶的综合作用下，碳水化合物（包括结构性和非结构性碳水化合物）被发酵分解，最终产生挥发性脂肪酸（VFA），主要由乙酸、丙酸和丁酸组成，也有少量的戊酸，同时释放能量，部分能量以三磷酸腺苷的形式供微生物活动。这些挥发性脂肪酸大部分被瘤胃壁吸收，随血液循环进入肝脏，合成糖原，提供能量供羊利用，可与氨气在微生物酶的作用下合成氨基酸，还具有调节瘤胃正常pH值的作用。

瘤胃可同时利用植物性蛋白质和非蛋白氮（NPN）合成微生物蛋白质。瘤胃微生物分泌的酶能将饲料中的植物性蛋白质水解为肽、氨基酸和氨，也可将饲料中的非蛋白含氮化合物（如尿素等）水解为氨。在瘤胃内能源供应充足和具有一定数量的蛋白质条件下，瘤胃微生物可将其合成微生物蛋白质（细菌蛋白）。微生物蛋白含有各种必需氨基酸，具有比例合适、组成稳定、生物学价值高的特点。

瘤胃发酵不仅能改善日粮的蛋白品质，而且使羊能有效地利用非蛋白氮。据测定，微生物合成的菌体蛋白数量很大，提供羊体每日消化利用的3/5，饲料中不必另外添加。饲料蛋白在瘤胃中被消化的数量主要取决于降解率和通过瘤胃的速度。非蛋白氮如尿素的分解速度相当快，在瘤胃中几乎全部分解，饲料中的可消化蛋白质约有70%被水解。饲料中总氮含量、蛋白质含量以及可发酵能的浓度是影响瘤胃微生物蛋白合成量的主要因素。另外一些微量元素锌、铜、钼等，也对瘤胃微生物合成菌体蛋白具有一定的影响。

瘤胃微生物可将饲料中的脂肪分解为不饱和脂肪酸，并将其氢化形成饱和脂肪酸。羊采食牧草所含脂肪大部分是由不饱和脂肪酸构成，而羊体内脂肪大部分为饱和脂肪酸，且相当数量是反式异构体和支链脂肪酸。

瘤胃是对不饱和脂肪酸氢化形成饱和脂肪酸，并将顺式结构的饲料脂肪酸转化为反式结构的羊体脂肪酸的主要部位。同时，瘤胃微生物亦能合成脂肪酸。Sutton(1970)测定，绵羊每日可合成22 g左右的长链脂肪酸。

瘤胃微生物可以合成B族维生素。包括维生素B_1、维生素B_2、维生素B_6、维生素B_{12}和尼克酸等。饲料中氮、碳水化合物和钴的含量是影响瘤胃微生物合成B族维生素的主要因素。饲料中氮含量高，则B族维生素合成量多，但氮来源的不同，B族维生素的合成情况亦不同。如以尿素作为补充氮源，硫胺素和维生素B_{12}的合成量不变，但核黄素的合成量增加。碳水化合物中淀粉的比例增加，可提高B族维生素的合成量。补饲钴，可增加维生素B_1的合成量。瘤胃微生物还可以合成维生素K。一般情况下，瘤胃微生物合成的B族维生素和维生素K足以满足各种生理状况下的需要，不需另外添加。

二、肉羊的营养需要

肉羊从饲料中摄取营养物质，用于维持生命、繁殖、生长、哺乳、育肥等生产方面，这些都要涉及饲料中的蛋白质、能量、维生素和矿物质等营养物质。为了达到既能满足羊的需要，又不致过多而浪费饲料的目的，可以根据肉羊的生理状况、体重和生产水平对各种营养物质的需要量和配合比例，配制成标准日粮。由于生产条件和个体间的差异较大，规定的肉羊营养需要量仅是一个相对合理的平均指标。

1.空怀母羊的营养需要量

当母羊在配种时，应保持中等以上的营养水平，在配种前 5～6 周要加强营养，一般应高出标准 20%～30%。空怀母羊的营养需要量见表 3-1。

2.怀孕母羊的营养需要量

妊娠前期(约 3 个月)母羊应保持良好的体况，如母羊膘情欠佳，要在前期营养需要量的基础上增加 20%～30%。胎儿 90%的体重是在妊娠后期(约 2 个月)增长的，所以妊娠后期应增加营养，如母羊太瘦，应在营养需要量的基础上增加 30%～40%以及更多的钙、磷。怀孕母羊的营养需要量见表 3-2。

3.哺乳母羊的营养需要量

哺乳母羊的营养需要，取决于母羊的泌乳量，母羊泌乳量越高，羔羊的平均日增重就越大。因此，根据初生羔羊 20～25 d 哺乳的日增重，可以确定母羊的营养需要。羔羊平均每增重 100 g，母羊约需 4.18 MJ 消化能，36 g 可消化粗蛋白，1.9 g 钙和 1.2 g 磷。哺乳母羊的营养需要量见表 3-3。

4.育成羊的营养需要量

从羔羊断乳开始独立生活到初配称育成羊，应对不同生产用途的羊制定不同的饲养标准。根据体重和生长速度决定营养物资供应，由于饲养标准高低不同，应对公、母羊分别组群。去势羊可参照育成母羊标准下限指标。育成羊的营养需要量见表 3-4 和表 3-5。

表 3-1 育成及空怀母羊的营养需要量(每只每日)

月龄	体重/kg	风干饲料/kg	消化能/MJ	消化粗蛋白/g	钙/g	磷/g	食盐/g	胡萝卜素/mg
4～6	25～30	1.2	10.9～13.4	70～90	3.0～4.0	2.0～3.0	5～8	5～8
6～8	30～36	1.3	12.6～14.6	72～95	4.0～5.2	2.8～3.2	6～9	6～8
8～10	36～42	1.4	14.6～16.7	73～95	4.5～5.5	3.0～3.5	7～10	6～8
10～12	42～45	1.5	14.6～17.2	75～100	5.2～6.0	3.2～3.6	8～11	7～9
12～18	45～50	1.6	14.6～17.2	75～95	5.5～6.5	3.2～3.6	8～11	7～9

表 3-2 怀孕母羊的营养需要量(每只每日)

时期	体重/kg	风干饲料/kg	消化能/MJ	消化粗蛋白/g	钙/g	磷/g	食盐/g	胡萝卜素/mg
怀孕前期	40	1.6	12.6～15.9	70～80	3.0～4.0	2.0～2.5	8～10	8～10
	50	1.8	14.2～17.6	75～90	3.2～4.5	2.5～3.0	8～10	8～10
	60	2.0	15.9～18.4	80～95	4.0～5.0	3.0～4.0	8～10	8～10
	70	2.2	16.7～19.2	85～100	4.5～5.5	3.8～4.5	8～10	8～10
怀孕后期	40	1.8	15.1～18.8	80～110	6.0～7.0	3.5～4.0	8～10	10～12
	50	2.0	18.4～21.3	90～120	7.0～8.0	4.0～4.5	8～10	10～12
	60	2.2	20.1～21.8	95～130	8.0～9.0	4.0～5.0	9～12	10～12
	70	2.4	21.8～23.4	100～140	8.5～9.5	4.5～5.5	9～12	10～12

表 3-3　哺乳母羊的营养需要量(每只每日)

体重/kg	风干饲料/kg	消化能/MJ	消化粗蛋白/g	钙/g	磷/g	食盐/g	胡萝卜素/mg
单羔和保证羔羊日增重 200～250 g 时的母羊饲养标准							
40	2.0	18.0～23.4	100～150	7.0～8.0	4.0～5.0	10～12	6～8
50	2.2	19.2～24.7	110～190	7.5～8.5	4.5～5.5	12～14	8～10
60	2.4	23.4～25.9	120～200	8.0～9.0	4.6～5.6	13～15	8～12
70	2.6	24.3～27.2	120～200	8.5～9.5	4.8～5.8	13～15	9～15
双羔和保证羔羊日增重 300～400 g 时的母羊饲养标准							
40	2.8	21.8～28.5	150～200	8.0～10.0	5.5～6.0	13～15	8～10
50	3.0	23.4～29.7	180～220	9.0～11.0	6.0～6.5	14～16	9～12
60	3.0	24.7～31.0	190～230	9.5～11.5	6.0～7.0	15～17	10～13
70	3.2	25.9～33.5	200～240	10.0～12.0	6.2～7.5	15～17	12～15

表 3-4 不同月龄的育成羊每增重 100 g 的营养需要量(每只每日)

月龄	4～6	6～8	8～10	10～12	12～18
消化能/MJ	3.22	3.89	4.27	4.90	5.94
可消化粗蛋白/g	33	36	36	40	46

表 3-5 育成公羊的饲养标准(每只每日)

月龄	体重/kg	风干饲料/kg	消化能/MJ	消化粗蛋白/g	钙/g	磷/g	食盐/g	胡萝卜素/mg
4～6	30～40	1.4	14.6～16.7	90～100	4.0～5.0	2.5～3.8	6～12	5～10
6～8	37～42	1.6	16.7～18.8	95～115	5.0～6.3	3.0～4.0	6～12	5～10
8～10	42～48	1.8	16.7～20.9	100～125	5.5～6.5	3.5～4.3	6～12	5～10
10～12	46～53	2.0	20.1～23.0	110～135	6.0～7.0	4.0～4.5	6～12	5～10
12～18	53～70	2.2	20.1～24.0	120～140	6.5～7.2	4.5～5.0	6～12	5～10

5. 种公羊的营养需要量

种公羊种用价值高，全年应保持良好体况。在非配种期除应供应足够的热能外，还应注意蛋白质、维生素和矿物质的充足供应，以保持中等以上的营养水平。在配种开始前，提前1.5～2个月，逐步给予配种期饲料。种公羊的营养需要量见表3-6。

6. 育肥羔羊的营养需要量

为使育肥羔羊在育肥期内达到预想的屠宰体重，必须采取强度育肥。羔羊断奶后，应给予适当补饲，以求4月龄体重达30 kg以上。育肥羊的营养需要量见表3-7和表3-8。

三、各类饲料的营养特性

1. 牧草

豆科牧草　豆科牧草所含的营养物质丰富、全面。特别是干物质中粗蛋白质占12%～20%，含各种必需氨基酸，蛋白质的生物学价值高，钙、磷、胡萝卜素和维生素都较丰富。豆科牧草的青草粗纤维含量较少，适口性好，容易消化，柔嫩多汁，无论青草还是干草都是羊最喜欢采食的牧草之一。

苜蓿草　苜蓿草属的植物在世界上共有60多种，其中代表性的草种有紫花苜蓿、黄花苜蓿、金花菜等。其中紫花苜蓿的种植面积较广，产量高、品质好、适应性强、适口性好，可以称之为"牧草之王"，是各类家畜的上等饲料，幼嫩苜蓿是幼畜最好的蛋白质补充饲料。人工种植的苜蓿主要用于刈割，用作青饲和晒制干草。但不宜用作放牧地，这是因为苜蓿地用作放牧地时，一是家畜踩踏严重，牧草浪费较大；二是苜蓿草中含有一种有毒物质——皂素（皂甙），在青饲或放牧采青中容易使羊中毒，抢救不及时会造成死亡。特别是幼嫩苜蓿，空腹放牧和雨后放牧更容易中毒，发病快，死亡率高。

表 3-6 种公羊的营养需要量(每只每日)

体重/kg	风干饲料/kg	消化能/MJ	消化粗蛋白/g	钙/g	磷/g	食盐/g	胡萝卜素/mg
非配种期							
70	1.8～2.1	16.7～20.5	110～140	5.0～6.0	2.5～3.0	10～15	15～20
80	1.9～2.2	18.0～21.8	120～150	6.0～7.0	3.0～4.0	10～15	15～20
90	2.0～2.4	19.2～23.0	130～160	7.0～8.0	4.0～5.0	10～15	15～20
100	2.1～2.5	20.5～25.1	140～170	8.0～9.0	5.0～6.0	10～15	15～20
配种期(每日2～3次)							
70	2.2～2.6	23.0～27.2	190～240	9.0～10.0	7.0～7.5	15～20	20～30
80	2.3～2.7	24.3～29.3	200～250	9.0～11.0	7.5～8.0	15～20	20～30
90	2.4～2.8	25.9～31.0	210～260	10.0～12.0	8.0～9.0	15～20	20～30
100	2.5～3.0	26.8～31.8	220～270	11.0～13.0	8.5～9.5	15～20	20～30

表 3-7　育肥羔羊的营养需要量(每只每日)

月龄	体重/kg	风干饲料/kg	消化能/MJ	消化粗蛋白/g	钙/g	磷/g	食盐/g	胡萝卜素/mg
3	25	1.2	10.5～14.6	80～100	1.5～2.0	0.6～1.0	3～5	2～4
4	30	1.4	14.6～16.7	90～150	2.0～3.0	1.0～2.0	4～8	3～5
5	40	1.7	16.7～18.8	90～140	3.0～4.0	2.0～3.0	5～9	4～8
6	45	1.8	18.8～20.9	90～130	4.0～5.0	3.0～4.0	6～9	5～8

表 3-8　成年育肥羊的营养需要量(每只每日)

体重/kg	风干饲料/kg	消化能/MJ	消化粗蛋白/g	钙/g	磷/g	食盐/g	胡萝卜素/mg
40	1.5	15.9～19.2	90～100	3～4	2.0～2.5	5～10	5～10
50	1.8	16.7～23.0	100～120	4～5	2.5～3.0	5～10	5～10
60	2.0	20.9～27.2	110～130	5～6	2.8～3.5	5～10	5～10
70	2.2	23.0～29.3	120～140	6～7	3.0～4.0	5～10	5～10
80	2.4	27.2～33.5	130～160	7～8	3.5～4.5	5～10	5～10

紫云英　又名红花草，在我国南方种植较广泛，其产量高、蛋白质含量丰富，且富含各种矿物质和维生素，鲜嫩多汁，适口性好。现蕾期牧草的干物质中粗蛋白质含量很高，可达 31.76%；粗纤维的含量较低，只有 11.82%。紫云英无论是青饲、青贮和干草都是羊较好的饲草。

沙打旺　又名直立黄芪、薄地草、麻豆秧（图 3-2），其生长迅速、产量高、再生力强，耐干旱，适应性好。是饲料、固沙、水土保持的优良牧草品种。在我国北方地区的河北、河南、山东、山西、陕西、吉林等地广泛栽培。沙打旺茎叶鲜嫩，营养丰富，干见物质中粗蛋白质含量可达 14.55%，无论青饲还是青贮、干草，都是羊较好的饲草。

图 3-2　沙打旺

引自岳文斌《生态养羊技术大全》，2006

红豆草　红豆草是一个古老的栽培牧草品种，在我国许多地方都有种植。具有产草量高、适口性好、抗寒耐旱和营养价值高的特点。饲喂牛羊不会产生臌胀病，饲喂安全，是羊喜食的牧草品种。粗蛋白质含量为 14.5%～24.8%，无氮浸出物为 37.6%～46.0%，钙的含量较高，为 1.6%～2.4%。

禾本科牧草　禾本科牧草种类很多，是羊的主要牧草。因其分布广，在牧草中占的比例大，所以在羊的饲料中占有非常重要的位置。禾本科牧草所含的营养物质一般低于豆科牧草，特别是粗蛋白质含量较低。但良好的禾本科牧草其他营养价值较高，它富含组氨酸、谷氨酸、赖氨酸、聚果糖、葡萄糖、果糖、蔗糖等，胡萝卜素含量亦较高。

无芒雀麦　无芒雀麦又名雀麦、无芒麦、禾萱草，为世界最重要的禾本科牧草之一，在我国的东北、西北、华北等地均有分布。无芒雀麦是一种适应性好、生活力强、适口性好、饲用价值高的牧草，也是一种极好的保土植物，并耐旱，为禾本科牧草中抗旱性最强的一种牧草。

羊草　羊草又名碱草(图 3-3)，是我国北方草原地区分布很广的一种优良牧草，在东北、内蒙古东部地区和黄土高原的一些地方，羊草多为群落的优势种或建群种。羊草由于适应性强、饲用价值高、容易栽培、抗寒耐旱耐盐碱、耐践踏，是我国重点推广的优良牧草品种。它既能有性繁殖，又能无性繁殖。羊草主要供放牧和割草用，晒制的干草品质优良，干物质中粗蛋白质含量为 13.5%～18.5%，无氮浸出物为 22.6%～44.5%，是羊冬季很好的饲草。

图 3-3　羊草

引自岳文斌《生态养羊技术大全》，2006

披碱草　披碱草又名野麦草，广泛分布于我国的东北、西北、华北等地区，具有适应性强、抗寒、耐旱、耐瘠、耐碱、耐涝等特点。为草原植被中的重要组成植物，有时出现单纯的植被群落，是我国主要的禾本科牧草品种之一。披碱草为多年生植物，可供放牧和刈割晒制干草，干草中的粗蛋白质含量为 7.45%，无氮浸出物为 33.79%。

图 3-4　多年生黑麦草

引自岳文斌《生态养羊技术大全》，2006

黑麦草　黑麦草在世界上有 20 多种，其中有经济价值的为多年生黑麦草(图 3-4)和一年生黑麦草。黑麦草在我国南方各地试种情况良好，在北方也有种植，具有生长快分蘖多、繁殖力强、刈割后再生能力强、耐牧、茎叶柔嫩光滑、适口性好的特点，是羊较好的饲草。

象草　又名紫狼尾草，是一种高秆牧草品种，株高可达 2 m 以上，是我国南方主要种植的牧草品种之一。象草具有产量高、管理粗放、利用期长、适口性好的特点，是羊青饲料的主要来源之一。干草中粗蛋白质含量为 10.6%，无氮浸出物为 44.70%。

2. 树叶、灌木类饲料

羊几乎采食所有的树叶，无论是青绿状态的树叶，还是干树叶，对羊来说都是很好的饲料。树叶不仅适口性好而且营养价值高，有的树叶是羊的蛋白质和维生素的来源之一。树叶虽是粗饲料，但粗纤维含量较低，营养价值远比其他粗饲料要高得多，甚至有的树叶饲喂效果可和精饲料相比。如洋槐叶的干物质中粗蛋白质的含量达 29.9%，槐树叶、榆树叶、杨树叶的干物质中粗蛋白质的含量也在 22% 以上，远远超过禾谷类饲料中蛋白质的含量。灌木也是羊的饲料来源，不仅叶可利用，而且细枝也可被羊采食利用，所以灌木在山区养羊业中占有重要的地位。如松子、柏籽都是羊极好的饲料，它不仅含有较高的蛋白质和其他营养物质，而且还具有特殊的香味，使羊肉也具有特殊的风味，松针可制成松针粉在羊的配合饲料中使用。

3. 秸秆

秸秆具有粗纤维含量高（18%以上）、体积大、水分少、粗蛋白及维生素含量低、总能量高但消化率低、适口性差、来源广、产量多、容易保存、价格低廉、可利用养分少的特点。对于羊不仅可作为冬季营养物质的主要来源之一，而且起到了填充和维持正常生理功能的作用。经过综合加工和调配，可提高秸秆饲料的利用率和营养价值。

玉米秸　玉米秸以收获方式分为收获籽实后的黄玉米秸（或

干玉米秸)和青刈玉米秸(籽粒未成熟即行青刈)。青刈玉米秸的营养价值高于黄玉米秸,青嫩多汁,适口性好,胡萝卜素含量较多,为 3～7 mg/kg。可青喂、青贮和晒制干草供冬春季饲喂。青刈玉米干草中粗蛋白质含量为 7.1%,粗纤维为 25.8%,无氮浸出物为 40.6%。黄干玉米秸具有外皮光滑、质地坚硬、粗纤维含量较高、维生素缺乏、营养价值降低的特点,粗蛋白质含量为 2.0%～6.3%,粗纤维含量为 34%左右。但羊对饲料中粗纤维的消化能力较强,消化率在 65%左右,对无氮浸出物的消化率为 60%左右,且玉米的种植面广、秸秆的产量高,所以玉米秸秆仍为羊冬季的重要饲草之一。生长期短的春播玉米秸秆比生长期长的玉米秸秆的粗纤维含量少,易消化。同一株玉米,上部的比下部的营养价值高,叶片较茎秆营养价值高,玉米秸秆的营养价值又稍优于玉米芯。

稻草　稻草是我国南方农区主要的粗饲料来源,其营养价值低于麦秸、谷草,粗纤维含量为 34%左右,粗蛋白质含量为 3%～5%。稻草中含硅高达 12%～16%,因而消化率降低,钙质缺乏,单纯饲喂稻草效果不佳,应进行饲料的加工处理。

麦秸　麦类秸秆是难消化、质量较差的粗饲料。小麦秸是麦类秸秆中产量较多的秸秆饲草,其中粗纤维的含量较高,并有难利用的硅酸盐和蜡质。羊单纯采食麦秸类饲料,饲喂效果不佳,且易上火,有的羊口角溃疡,群众俗称“上火”。在麦秸饲料中燕麦秸、荞麦秸的营养价值较高,适口性也好,是羊的好饲草。

谷草　谷草就是粟的秸秆,也就是谷子的秸秆,质地柔软厚实,营养丰富,可消化粗蛋白质,可消化总养分较麦秸、稻草高。在禾谷类饲草中,谷草主要的用途是制备干草,供冬、春季饲用,对于羊来说谷草不是好饲草,长期饲喂谷草羊不上膘,有的羊可能消瘦,按照群众的说法:谷草属凉性饲草,羊吃了会拉膘(即掉膘)。

豆秸　豆秸是各类豆科作物收获籽粒后的秸秆总称,包括大豆、黑豆、豌豆、蚕豆、豇豆、绿豆等的茎叶，它们都是豆科作物成熟后的副产品，叶子大部分都已凋落，即使有一部分叶子也已枯黄，茎也多木质化，质地坚硬，粗纤维的含量较高，但其中粗蛋白质的含量和消化率较高，仍是羊的优质饲草。在籽实收获的过程中，经过碾压，豆秸被压扁，豆荚仍保留在豆秸上，这样豆秸的营养价值和利用率都得到提高。青刈的大豆秸叶的营养价值接近紫花苜蓿。在豆秸中蚕豆秸和豌豆秸的蛋白质含量最多，品质较好。

花生藤、甘薯藤及其他蔓秧类　花生藤和甘薯藤都是收获地下根茎后的地上茎叶部分，这部分藤类虽然产量不高，但茎叶柔软、适口性好，营养价值和采食利用率、消化率都高。甘薯藤、花生藤干物质中的粗蛋白质含量分别为16.4%和26.2%，是羊极好的饲草。其他蔓秧类如西红柿秧、南瓜藤、豆角秧、豇豆藤、马铃薯藤等藤秧类，无论从适口性还是从营养价值方面都是羊的好饲草，应当充分利用。

4.能量饲料

能量饲料是主要利用其能量的一些饲料，其蛋白质含量低于20%，粗纤维低于18%。能量饲料的主体是谷实饲料，有些蛋白质补充料含有较高的能量，也是能量饲料的范畴，但由于其主要的营养特点是蛋白质含量高，用于饲料中的蛋白质补充，故划分为蛋白质饲料类。

谷实类饲料是精饲料的主体，含大量的碳水化合物(淀粉含量高)，粗纤维的含量少，适口性好，粗蛋白质的含量一般不到10%，淀粉占70%以上，脂肪、纤维、灰分占3%左右，水分一般占13%左右。由于淀粉含量高，饲料中的能量较高，故将谷实类的饲料又称为能量饲料。能量饲料是各种配合饲料中最基本的和最重要的原料，也是用量最大的饲料。谷实类饲料在羊所采食的饲料中虽占的比例不大，但却是羊主要的补饲饲料。饲用方法一般是稍加粉碎即可，不宜过细，以免影响羊的反刍。最常用和较经济的谷实类饲料有以下几种：

玉米　玉米产量高，适口性好，营养价值也高，干物质中粗蛋白质含量在7%左右，粗纤维含量仅为1.2%，无氮浸出物高达73.9%，消化能也高，大约15 kJ/kg。但玉米的蛋氨酸、胱氨酸、钙、磷、维生素含量较少，在饲料日粮的配合中应和其他饲料配合，使日粮营养达到平衡。

高粱　高粱是重要的精饲料，营养价值和玉米相似。主要成分为淀粉，粗纤维少，可消化养分高，粗蛋白质的含量为7%～8%，但质量差，含少量单宁，有苦味，适口性差，不易消化。高粱中含钙少，含磷多，维生素含量也少，烟酸含量多，并含有鞣酸，有止泄作用，饲喂量大时容易引起便秘。

大麦　大麦是一种优质的精饲料，其饲用价值比玉米稍佳，适口性好。饲料中的粗蛋白质含量约为12%，无氮浸出物占6.9%。氨基酸的含量和玉米差不多，钙、磷的含量比玉米高，胡萝卜素和维生素D不足，硫氨素多，核黄素少，烟酸的含量丰富。

燕麦　燕麦适口性较好，籽实中含有较丰富的蛋白质，粗蛋白质的含量在10%左右，粗脂肪的含量超过4.5%，比小麦和大麦多1倍以上。燕麦的主要成分为淀粉，但燕麦的粗纤维含量高，在10%以上，营养价值低于玉米。燕麦含钙少，含磷多，胡萝卜素、维生素D、烟酸含量比其他的麦类少。

5.糠麸类饲料

糠麸类饲料是谷实类饲料经制粉、碾米加工的主要副产品。同原料相比，无氮浸出物较低，而其他各种营养成分的含量普遍高于原料，特别是粗蛋白质、矿物质和维生素的含量较高，是羊很好的饲料来源之一。常用的糠麸类饲料有麦麸、米糠、稻糠和玉米糠。

麦麸　麦麸是糠麸类饲料中用量最大的饲料，来源广，数量多，广泛用于各种畜禽的配合日粮中。具有适口性好、质地膨松、营养价值高、使用范围广的特点，并有轻泄作用。其中粗蛋白质含量在 11%～16%，含磷多、含钙少，维生素的含量也较丰富。由于麦麸具有轻泄作用，所以在夏季可适当多喂些麸皮，起到清热泻火的作用，由于麦麸中的含磷量多，采食过多会引起尿道结石，特别是公羊表现比较明显，公羔表现更为突出。麦麸在饲料中的用量一般控制在 10%～15%，公羔的用量要少些。

稻糠　稻糠是水稻的加工副产品，包括砻糠和米糠。砻糠是粉碎的稻壳，米糠是去壳稻粒的加工副产品，是大米精制所产生的果皮、种皮、外胚乳和糊粉层等混合物。砻糠的体积较大、质地粗硬、不易消化、营养价值低于米糠。由于稻壳带芒，作为羊的饲料时带芒的稻壳容易黏附在羊的瘤胃壁，形成一层稻壳膜，影响羊的正常消化甚至致使消瘦死亡，故饲喂稻壳一定要粉碎细致。米糠的营养价值较高，新鲜米糠适口性也好，在羊的日粮中可占到 15%左右。

6. 饼粕类饲料(蛋白质饲料)

粗蛋白质含量在 20%以上的饲料为蛋白质饲料。饼粕类饲料是富含油的籽实经加工榨取植物油后的加工副产品，蛋白质的含量较高(30%～45%)，是蛋白质饲料的主体。适口性较好，能量也高，品质优良，是羊瘤胃中微生物蛋白质氮的前身物。羊可利用瘤胃中的微生物将饲料中的非蛋白氮合成菌体蛋白，所以在羊的一般日粮中蛋白质的需求量不大。但蛋白质饲料仍是羊饲料中必不可少的饲料成分之一，特别是对于羔羊生长发育期、母羊妊娠期的营养需求显得特别重要。饼粕类饲料主要有以下几种：

豆饼、豆粕　豆饼、豆粕　是我国最常用的一种植物性蛋白质饲料，营养价值高，价格又较鱼粉及其他动物性蛋白质饲料低，是畜禽较为经济和营养较为合理的蛋白质饲料。一般来说，豆粕的营养价值比豆饼的营养价值高，含粗蛋白质较豆饼高 8%～9%。大豆饼(粕)较黑豆饼(粕)的饲喂效果好。在豆饼(粕)的饲料中含有一些有害物质和因子，如抗胰蛋白酶、尿素酶、血球凝集素、皂角苷、甲状腺诱发因子、抗凝固因子等，其中最主要的是抗胰蛋白酶。所以饲喂时应进行加工处理，最常用的办法是在一定的水分条件下进行加热，经加热后这些有害物质将失去活性，但不宜过度加热，以免影响和降低一些氨基酸的活性。

棉籽饼　棉籽饼是棉籽提取油后的副产品，一般含粗蛋白质32%～37%，产量仅次于豆饼，是反刍家畜的主要蛋白质饲料来源。棉籽饼的饲用价值与豆饼相比，蛋白质含量为豆饼的79.6%，消化能也低于豆饼，粗纤维的含量较豆饼高，且含有有毒物质棉酚。但只要饲喂不过量就不会发生中毒，且饲料的成本较豆饼便宜，故在养羊生产中被广泛应用。

菜籽饼　菜籽饼是菜籽经加工提炼油后的加工副产品，是畜禽的蛋白质饲料来源之一，粗蛋白质的含量在20%以上，其营养价值较豆饼低。菜籽中含有有毒物质芥子甙或称含硫甙(含量一般在6%以上)。各种芥子甙在不同的条件下水解，会形成腈、噁唑烷酮和硫氰酸酯，严重影响适口性，采食过多会引起中毒，羊对菜籽饼的敏感性虽不是很强，但饲喂时最好进行脱毒处理。

花生饼　花生饼的饲用价值仅次于豆饼，蛋白质和能量都比较高，粗蛋白质的含量为38%，粗纤维的含量为5.8%，带壳花生饼含粗纤维在15%以上，饲用价值较去壳花生饼的营养价值低，但仍是羊的好饲料。花生饼的适口性较好，本身无毒素，但易感染黄曲霉素，导致黄曲霉病，所以储藏时要注意防潮发霉。

胡麻饼　胡麻饼是胡麻种子榨油后的加工副产品，粗蛋白质的含量在36%左右，适口性较豆饼差，较菜籽饼好，也是胡麻产区养羊的主要蛋白质饲料来源之一。胡麻饼饲用时最好和其他蛋白质饲料配合使用，以补充部分氨基酸的不足，单一饲喂容易使羊的体脂变软。

向日葵饼　向日葵饼简称葵花饼，是油葵及其他葵花籽榨取油后的副产品。去壳葵花饼的粗蛋白质含量可达46.1%,不去壳葵花饼粗蛋白质的含量为29.2%。葵花饼不含有毒物质,适口性也好,虽然不去壳的葵花饼的粗纤维含量较高,但对羊来说仍是营养价值较好的廉价蛋白质饲料。

7.块根、块茎类饲料

块根、块茎类饲料适口性较好、水分含量较高,常用于羊冬季补饲,但不是羊主要的饲料。可分为薯类饲料和其他块根、块茎饲料两类。

薯类　薯类是我国的主要杂粮品种,包括甘薯、马铃薯和木薯,属于能量饲料,具有产量高、水分含量高、淀粉含量高、适口性好、生熟饲喂均可的特点。甘薯、马铃薯和木薯干物质中无氮浸出物的含量分别为88.21%、77.6%和93.15%,粗纤维的含量非常低,为2.5%～4.4%,饲料的消化利用率较高。由于保管、存放不当,甘薯出现的黑斑薯有苦味,含有毒性酮;马铃薯表皮发绿,有毒的茄素(龙葵精)含量剧烈增加,饲喂后会出现中毒现象;木薯中含有一定量的氢氰酸(HCN),过多食用也会引起中毒。

萝卜　萝卜是蔬菜品种,为羊的常用饲料,具有产量高、水分大、适口性好、维生素含量丰富的特点。特别是胡萝卜的维生素含量较高,含有若干的蔗糖和果糖,故具甜味,是羔羊和冬季母羊维生素的主要来源,饲喂效果很好。

甜菜　甜菜是优良的制糖和饲料作物品种,根、茎、叶的营养价值均较高,是羊的优良多汁饲料。

其他块根、块茎类饲料还有菊芋(洋姜、姜不辣、鬼子姜)、蕉藕、芜菁、甘蓝等,都是多汁、适口性好和营养价值较高的饲料品种。

在瓜类饲料中最常用的是南瓜,其无氮浸出物的含量较高,在60%以上,糖类含量较多,适口性好,常被用作羊冬季的补饲饲料。

8.糟渣类饲料

糟渣类饲料是植物加工的副产品饲料，几乎所有的植物加工的副产品都可以作为羊的饲料。如制酒的副产品啤酒糟、酒糟，制糖的副产品甜菜渣、甘蔗渣、饴糖渣、糖浆，还有醋渣、酱油渣、豆腐渣、粉渣等，这些可利用的饲料中有的含粗蛋白质丰富，有的无氮浸出物含量高，有的可以直接被羊利用，有的通过加工可以被羊利用，是羊冬季补饲和舍饲养羊的饲料来源之一。

啤酒糟　啤酒糟是以大麦为主要原料制取啤酒后的副产品，是麦芽汁的浸出渣。干啤酒糟的营养价值和小麦麸相当，粗蛋白质的含量为 22.2%，无氮浸出物的含量为 42.5%。啤酒酵母的干物质中粗蛋白质的含量高达 53.0%，品质也好，无氮浸出物的含量为 23.1%，含磷丰富，钙的含量较低。

酒糟　酒糟是用淀粉含量较多的原料如玉米、高粱和薯类经酿酒后的副产品，由于酒糟中的可溶性碳水化合物发酵成醇被提取，其他营养成分如粗蛋白质、粗脂肪、粗纤维与灰分等的含量相应就得到提高，而无氮浸出物的含量相应降低，但能量值下降的不多，在营养上仍属能量饲料的范围。以玉米为原料的酒糟干物质中的粗蛋白质含量为 16.6%，以高粱为原料的干酒糟中粗蛋白质的含量达 24.5%。酒糟的营养价值还受一些副料的影响，如稻壳或玉米芯，从而降低了酒糟的营养价值。酒糟的营养含量稳定，但不完全，属于热性饲料，容易引起便秘，同时由于酒糟中水分含量较高，残留的醇类物质也多，过多饲喂容易引起酒精中毒，故饲喂前应进行晾晒，对含有稻壳的酒糟最好粉碎后饲喂，以免引起羊的瘤胃消化不良。

甜菜渣　甜菜渣是甜菜提取糖分后的副产品，主要成分为无氮浸出物和粗纤维，在干物质中粗蛋白质的含量为 9.6%，粗纤维的含量为 20.1%，无氮浸出物为 64.5%。甜菜渣的适口性好，是羊的多汁饲料，饲喂时应配合一些蛋白质含量高的饲料。

甘蔗渣　甘蔗渣是甘蔗制糖后的加工副产品，质地粗硬，粗纤维含量较高，粗蛋白质的含量很低，仅为1.7%，对绵羊、山羊可消化蛋白质为1.8%，营养价值不高。

豆腐渣　豆腐渣是豆类经加工磨制豆腐后的副产品，富含各种营养，适口性好，饲喂方便，无论是鲜喂还是干喂，饲喂效果都较好。同时豆腐渣的成本较低，粗蛋白质的含量高，是羊很好的蛋白质补充饲料。干豆腐渣粗蛋白质的含量为28.3%，粗脂肪为12%，无氮浸出物为34.1%，粗纤维为13.9%。根据有关的试验资料表明，在羊的育肥日粮中，1 kg干物质的豆腐渣的饲喂效果与1 kg玉米的饲喂效果相比，无论在经济效益方面还是在增重方面的效果都好于玉米。在冬季，可将豆腐渣和草粉或其他精饲料混合，饲喂效果较好。

9.非蛋白氮饲料

除蛋白质或肽以外的含氮形式的饲料，统称为非蛋白氮饲料。羊瘤胃内的微生物可降解饲料中的蛋白质，以合成微生物蛋白质与非蛋白氮源，两者都是氨基酸的前身物，微生物可以利用其合成微生物蛋白质。通过消化作用，微生物从瘤胃通到更远的消化器官。在真胃和小肠内，这些微生物经过消化道中的消化酶和消化液的作用而分解为游离的氨基酸，最后被肠道吸收。通过微生物的作用实现了非蛋白氮—菌体蛋白—氨基酸—肠道吸收的利用过程，从而提高了非蛋白氮的饲用价值和降低饲料成本。最常用的非蛋白氮是尿素，含氮46%左右，白色颗粒，微溶于水。1 g尿素相当于2.88 g蛋白质，或1 kg尿素加上6 kg的玉米相当于7 kg豆饼。

尿素饲喂量　成年羊每日13～18 g，6月龄以上的青年羊每日8～12 g，尿素在日粮的含量不超过其干物质的1%。

饲喂方法

(1)直接拌入饲料中饲喂：把尿素均匀地拌入含有谷物精料和蛋白质精料的混合饲料中饲喂。

(2)在青贮料中添加:在青贮的同时按青贮料湿重的 0.5% 添加。

(3)与青干草混合饲喂:在舍饲条件下,将尿素溶液喷洒在铡碎的青干草上饲喂。

(4)做成尿素精料砖供舔食(图 3-5)。

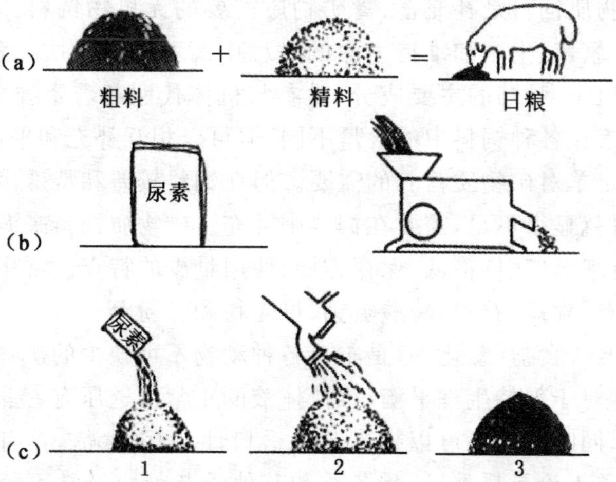

(a)日粮中粗蛋白质含量低于 12%时,可添加非蛋白含氮物
(b)粉碎精料,加入尿素　(c) 1.直接拌入精料　2.制成水溶液,喷洒于精料上　3.制成颗粒饲料

图 3-5　非蛋白含氮物应用方法

引自岳文斌《舍饲养羊新技术》,2003

饲喂尿素的注意事项

(1)饲喂尿素量应逐渐增加,一般要经过 5～7 d 的适应期。

(2)饲喂不能间断,要坚持每日饲喂。

(3)小羔羊因瘤胃功能不健全不能喂。

(4)饲喂尿素的日粮中要有足够的能量饲料。

(5)在尿素的混合料中,不能含有生大豆和其他种类的豆类、苜蓿籽、胡枝子的种子,因这些饲料中含有尿素酶,会分解尿素为氨和二氧化碳,氨浓度高一可降低羊对饲料的采食,导致蛋白质水平下降;二可引起中毒。

(6)防止过量饲喂,以免发生尿素中毒。

10.矿物质饲料

矿物质饲料是补充畜、禽矿物质需要的无机物饲料。羊的生长发育、繁殖、生产和维持生命的过程中离不开矿物质元素,它是形成体组织、骨骼的主要成分,对参与机体代谢起着重要的作用。这些元素在各种饲料中的含量不同,但可以相互补充和平衡,基本上能满足羊对矿物质营养的需要。但在饲料较差和特殊生理需要时,有时就显得不足,需要在饲料中补充。矿物质饲料来源于无机物,具有来源广、价格低、保存方便、使用量少的特点。常用的矿物质饲料有:食盐、石粉、磷酸氢钙、贝壳粉和骨粉等。

食盐 食盐(氯化钠)是羊及各种动物不可缺少的矿物质饲料之一,这对于保持生理平衡、维持体液的正常渗透压有着非常重要的作用,同时食盐还可以提高羊的适口性,增强食欲,具有调味的作用。羊无论是夏季,还是冬季和其他季节都应经常不断地饲喂食盐。食盐的用量一般占风干日粮的1%,最常用的饲喂方法是将食盐直接拌入饲料中,或者将盐砖放在运动场让羊自由采食,羊缺盐时食欲下降,采食量减少,体重增加缓慢,啃碱土。啃土过多会引起消化疾病,拉稀消瘦。

石粉 石粉主要指石灰石粉,是天然的碳酸钙,一般含钙35%,是最便宜、最方便和来源最广的矿物质饲料。只要石灰石粉中的铅、汞、砷、氟的含量在安全范围之内都可以作为羊的饲料。

贝壳粉和骨粉 贝壳粉和骨粉从来源上看属于动物性饲料,从饲料的营养特点来说属于矿物质补充饲料。贝壳粉主要是钙的补充饲料,骨粉是钙、磷含量较高,且较为平衡的矿物质补充饲料,是养羊生产中应用最为普遍的饲料。

磷补充饲料　磷的补充饲料主要有磷酸氢二钠、磷酸氢钾、磷酸氢钙、过磷酸钙等，在配合饲料中的主要作用是提供磷和调整饲料中的钙磷比例，促进钙和磷的吸收和合理利用。

11. 饲料添加剂

羊的育肥饲料添加剂包括营养性添加剂和非营养性添加剂，其功能是补充或平衡饲料营养成分，提高饲料的适口性和利用率，促进羊的生长发育，改善代谢机能，加快生长速度，缩短育肥期，增加肉羊育肥的经济效益。

羊育肥用微量元素　矿物质微量元素可以调节机体能量、蛋白质和脂肪的代谢，提高羊的采食量，促进营养物质的消化作用，刺激生长，提高增重速度和饲料利用率。微量元素的添加量应按育肥羊的营养需要添加，可将微量元素制成预混料，其配方为每吨预混料碳酸钙 803.1 kg，硫酸亚铁 50 kg，硫酸铜 6 kg，硫酸锌 80 kg，硫酸锰 60 kg，氯化钴 0.8 kg，亚硒酸钠 0.1 kg，按每只羊每日 10～15 g 预混料添加，均匀混于精料中饲喂；或将微量元素制成盐砖，让羊自由采食，一般添加微量元素比不添加提高增重 10%～20%。

维生素添加剂　由于羊瘤胃微生物能够合成 B 族维生素和维生素 K、维生素 C，不必另外添加。但日粮中应提供足够的维生素 A、维生素 D 和维生素 E，以满足育肥羊的需要。维生素添加剂的使用应按羊的营养需要进行，在饲料中维生素不足的情况下，应适量添加。一般 20～30 kg 的羔羊育肥每只每日需要维生素 A 200～210 IU，维生素 D 57～61 IU。添加维生素时还应注意与微量元素间的相互作用，多数维生素与矿物元素能相互作用而失效，所以最好不要把它们在一起配制预混料，或用维生素的包埋剂型配制矿物质和维生素预混料。

稀土　稀土是元素周期表中钇、钪及全部镧系共 17 种元素的总称，可作为一种饲料添加剂用于畜禽生产，具有良好的饲喂效果和较高的经济效益。张英杰等对小尾寒羊进行了添加稀土饲喂试验，在放牧加补饲的条件下，试验组的羊每只添加硝酸稀土0.5 g，试验期60 d。结果表明，添加稀土组的羊比不添加稀土组的羊平均重提高11.2%，经济效益显著。张启儒报道，用稀土添加剂饲喂细毛羊，添加量按每千克体重10 mg，饲喂期3个月，饲喂稀土的阉羊较不喂稀土的阉羊体重增加2.07 kg，提高55.49%；平均毛长增加0.3 cm，提高12.5%。王安琪报道，给断奶后育肥羊日粮中添加0.2%的稀土，在60 d试验期内，日增重提高17.1%，每千克增重节省饲料0.41 kg，提高饲料转化率14.29%。一般作为饲料添加剂的稀土类型有硝酸盐稀土、氯化盐稀土、维生素C稀土和碳酸盐稀土。

膨润土　膨润土属斑脱岩，是一种以蒙脱石为主要成分的黏土。主要成分为钙10%、钾6%、铝8%、镁4%、铁40%、钠2.5%、锌0.01%、锰0.3%、硅30%、钴0.004%、铜0.008%、氯0.3%，还有钼、钛等。膨润土具有对畜禽有机体有益的矿物质元素，可使酶、激素的活性或免疫反应向有利于畜禽的方向变化，对体内有害毒物和胃肠中的病菌有吸附作用，有利于机体的健康，提高畜禽的生产性能。张世铨报道，用2～3岁内蒙古细毛羊羯羊在青草期100 d放牧期内，每只每日用30 g膨润土加100 g水灌服，饲喂膨润土组羊较对照组羊毛长度增加0.48 cm，每平方厘米剪毛量增加0.039 8 g。

瘤胃素　又名莫能菌素，是肉桂的链霉菌发酵产生的抗生素。其功能是通过减少甲烷气体能量损失和饲料蛋白质降解、脱氨损失，控制和提高瘤胃发酵效率，从而提高增重速度及饲料转化率。试验研究表明，舍饲绵羊饲喂瘤胃素，日增重比对照羊提高35%左右，饲料转化率提高27%。生长山羊饲喂瘤胃素，日增重比对照羊提高16%～32%，饲料转化率提高13%～19%。瘤胃素的添加量一般为每千克日粮干物质中添加25～30 mg，均匀地混合在饲料中，最初喂量可低些，以后逐渐增加。

缓冲剂　添加缓冲剂的目的是为改善瘤胃内环境，有利于微生物的生长繁殖。肉羊强度育肥时，精料量增多，粗饲料减少，瘤胃内会形成过多的酸性物质，影响羊的食欲，并使瘤胃微生物区系被抑制，对饲料的消化能力减弱。添加缓冲剂，可增加瘤胃内碱性物质的蓄积，中和酸性物质，促进食欲，提高饲料的消化率和羊的增重速度。肉羊育肥常用的缓冲剂有碳酸氢钠和氧化镁。碳酸氢钠的添加量占日粮干物质的 0.7%～1.0%。氧化镁的添加量为日粮干物质的 0.03%～0.5%。添加缓冲剂时应由少到多，使羊有一个适应过程，此外，碳酸氢钠和氧化镁同时添加效果更好。

二氢吡啶　其作用是抑制脂类化合物的过氧化过程，形成肝保护层，抑制畜体内的细胞组织，具有天然抗氧化剂维生素 E 的某些功能，还能提高家畜对胡萝卜素和维生素 A 的吸收利用。周凯等进行了二氢吡啶饲喂生长绵羊对增重效果影响的试验研究。试验羊以放牧为主，补饲时每千克精料中添加 200 mg 二氢吡啶的周岁羊体重可多增加 8.54 kg，经济效益显著。使用二氢吡啶时应避光防热，避免与金属铜离子混合，因铜是特别强的助氧化剂。如与某些酸性物质（如柠檬酸、磷酸、抗坏血酸等）混合使用，可增强效果。

酶制剂　酶是活体细胞产生的具有特殊催化能力的蛋白质，是一种生物催化剂，对饲料养分消化起重要作用。可促进蛋白质、脂肪、淀粉和纤维素的水解，提高饲料利用率，促进动物生长。如饲料中添加纤维素酶，可提高羊对纤维素的分解能力，使纤维素得到充分利用。李景云等人报道，育成母羊和育肥公羔每只每日添加纤维素酶 25 g，育成母羊经 45 d 试验期，日增重较对照组增加 29.55 g，育成公羔经 32 d 试验期，日增重较对照组增加 34.06 g。育肥公羔屠宰率增加 2.83%，净肉重增加 1.80 kg。

中草药添加剂　中草药添加剂是为预防疾病、改善机体生理状况、促进生长而在饲料中添加的一类天然中草药、中草药提取物或其他加工利用后的剩余物。张英杰等对小尾寒羊育肥公羔进行了中草药添加剂试验，选用健脾开胃、助消化、驱虫等中草药（黄芪、麦芽、山楂、陈皮、槟榔等），经科学配伍粉碎混匀，每只每日添加 15 g，经两个月的饲喂期，试验组平均体重较对照组增加 2.69 kg，且发病率显著降低。

杆菌肽锌　杆菌肽锌是一种抑菌促生长剂。对畜禽都有促生长作用，有利于养分在肠道内的消化吸收，改善饲料利用率，提高体重。羔羊用量每千克混合料中添加 10～20 mg（42 万～84 万 IU）。在饲料中混合均匀饲喂。

喹乙醇　喹乙醇又名快育灵、倍育诺，为合成抗菌剂。喹乙醇能影响机体代谢，具有促进蛋白质同化作用，进食后在 24 h 内主要通过肾脏全部排出体外。毒性极低，按有效剂量使用，安全，副作用小。通过国内外试验，羔羊日增重提高 5%～10%，每单位增重节省饲料 6%。用法与用量：均匀混合于饲料内饲喂，羔羊每千克日粮干物质添加喹乙醇量为 50～80 mg。

四、饲草、饲料的加工处理

饲草、饲料加工处理的目的是根据羊的生理和消化特点，以及饲料的营养特点和饲喂特点，通过加工处理获得最大的潜在营养价值，以获得最大的生产效益。饲料加工有以下几方面的作用：一是改变了饲料的物理性状，包括饲料体积的变化、柔软度的变化、饲料利用的经济效益和饲喂效果；二是改善饲料的适口性，增加了采食饲料的种类和提高饲料的采食利用率；三是影响和改变饲料的营养价值，提高营养成分、降低有毒物质；四是保存饲料中的营养成分；五是便于饲料的长久保存、运输和饲料的配合利用。

1.精饲料的加工

能量饲料的加工　能量饲料干物质的70%～80%是由淀粉组成的，粗纤维的含量较低，营养价值较高，是适口性比较好的饲料。能量饲料加工的主要目的是提高饲料中淀粉的利用效率和便于进行饲料的配合，提高饲料消化率和饲料利用率。能量饲料的加工方法比较简单，常用的方法有以下几种：

粉碎和压扁　粉碎是能量饲料加工中最古老和使用最广泛、最简便的方法。其作用是用机械的方法引起饲料细胞的物理破坏，使饲料被外皮或壳所包围的营养物质暴露出来，利用直接消化过程的作用，提高这些营养物质的利用效果。如玉米、高粱、小麦、大麦等饲料，常采用粉碎的方法进行饲料的加工，通过粉碎破坏了饲料硬的外皮，增加了饲料的表面积，使饲料与消化液的接触更充分，消化更完全彻底。但是，饲料粉碎的粒度不应太小，否则影响羊的反刍，容易造成消化不良。一般要求将饲料粉碎成两半或1/4颗粒即可。谷类饲料也可以在湿、软状态下压扁后直接喂羊或者晒干后喂羊，同样可以起到粉碎的饲喂效果。

水浸　水浸饲料的作用，一是使坚硬的饲料软化、膨胀，便于采食利用；二是使一些具有粉尘性质的饲料在水分的作用下不能飞扬，减小粉尘对呼吸道的影响和改善饲料的适口性。一般在饲料的饲喂前用少量的水将饲料拌湿放置一段时间，待饲料和水分完全渗透，在饲料的表面上没有游离水时即可饲喂，注意水的用量不宜过多。

液体培养——发芽　液体培养的作用是将谷物整粒饲料在水的浸泡作用下发芽，以增加饲料中某些营养物质的含量，提高饲喂效果。谷粒饲料发芽后，可使一部分蛋白质分解成氨基酸、糖、维生素，各种酶和纤维素增加。如大麦发芽前几乎不含胡萝卜素，经浸泡发芽后胡萝卜素的含量可达93～100 mg/kg，核黄素含量提高10倍，蛋氨酸的含量增加2倍，赖氨酸的含量增加3倍。因此，发芽饲料对饲喂种羊和羔羊有明显的效果。一般将发芽的谷物饲料加到营养贫乏的日粮中会有所助益，日粮营养越贫乏，收益越大。

蛋白质饲料的加工　蛋白质饲料不仅具有能量饲料的一些特性，如低纤维、能量较高、适口性好等，而且更主要的是其蛋白质含量高，所以称为蛋白质饲料或蛋白质补充饲料。蛋白质饲料分为动物性蛋白质饲料和植物性蛋白质饲料，植物性蛋白质饲料又可分为豆类饲料和饼类饲料。不同种类饲料的加工方法不一样，现分别介绍如下：

(1)豆类蛋白质饲料的加工　豆类饲料含有一种叫做抗胰蛋白酶的物质，这种物质在羊的消化道内与消化液中的胰蛋白酶作用，破坏了胰蛋白酶的分子结构，使酶失去生物活性，从而影响饲料中营养物质消化吸收，造成饲料蛋白质的浪费和羊的营养不足。这种抗胰蛋白酶在遇热时就变性而失去活性，因此在生产中常用蒸煮和焙炒的方法来破坏大豆中的抗胰蛋白酶，不仅提高了大豆的消化率和营养价值，而且增加了大豆蛋白质中有效的蛋氨酸和胱胺酸，提高了蛋白质的生物学价值。

(2)豆饼的加工　豆饼根据生产的工艺不同可分为熟豆饼和生豆饼。熟豆饼经粉碎后可按日粮的比例直接加入饲料中饲喂，不必进行其他处理。生豆饼由于含有抗胰蛋白酶，在粉碎后需经蒸煮或焙炒后饲喂。豆饼粉碎的细度应比玉米细，便于配合饲料和防止羊挑食。

(3)棉籽饼的加工　棉籽饼含有丰富的可消化粗蛋白质、必需氨基酸基本上和大豆粕的营养相当，还含有较多的可消化碳水化合物，是能量和蛋白质含量都较高的蛋白质饲料。但是棉籽饼中含有较多的粗纤维，还有一定量的有毒物质，所以在饲喂猪、家禽等单胃动物时受到一定的限制，而主要作为羊、牛等反刍家畜的蛋白质饲料。棉籽饼中的有毒物质是棉酚，这是一种复杂的多酚类化合物，饲喂过量时容易引起中毒，所以在饲喂前一定要进行脱毒处理，常用的处理方法有水煮法和硫酸亚铁水溶液浸泡法。

水煮法 将粉碎的棉籽饼加适量的水煮沸，并不时搅动，煮沸30 min，冷却后饲喂。水煮法的另一种方法是将棉籽饼放入水中煮沸，待水开后搅拌棉籽饼，然后封火过夜后捞出，打碎，拌入饲料或饲草中饲喂。煮棉籽饼的水也可以拌入饲料中饲喂。如果没有水煮的条件，可以先将棉籽饼打成碎块用水浸泡24 h，然后将浸透的棉籽饼再打碎饲喂，将水倒掉。

硫酸亚铁水溶液浸泡法 其原理是游离棉酚与某些金属离子能融合成不被肠胃消化吸收的物质，丧失其毒性作用。作法是用1.25 kg工业用硫酸亚铁，溶于125 kg的水中配制成1%的硫酸亚铁溶液，浸泡50 kg的棉籽饼，中间搅拌几次，经一昼夜浸泡后即可饲用。

(4)菜籽饼的加工 菜籽饼是油菜产区的菜籽油的加工副产品，应用受两个不利因素的影响，一是菜籽饼含有苦味，适口性较差；二是菜籽饼含有含硫葡萄糖甙，这种物质在酶的作用下，裂解生成多种有毒物质，饲喂和处理不当就会发生饲料中毒。这些有毒的物质是致甲状腺肿大的噻唑烷硫酮(OET)、异硫氰酸酯(ITC)、芥籽甙等。因此对菜籽饼的脱毒处理显得十分重要。菜籽饼的脱毒处理常用的方法有两种。

土埋法 用土埋法可以基本上脱去菜籽饼的毒素。具体做法是，挖一土坑(土的含水量为8%左右)，铺上草席，把粉碎成末的菜籽饼加水(饼水的比例为1∶1)搅拌后装入坑内，2个月后即可饲用。经土埋后的菜籽饼蛋白质的含量平均损失7.93%，异硫氰酸盐的含量由埋前的0.538%降到0.059%，脱毒率为89.35%(国家允许的残毒量的指标为0.05%)。

氨、碱处理法 氨处理法是100份菜籽饼(含水6%～7%)，用含7%氨的氨水22份均匀地喷洒在菜籽饼中，闷盖3～5 h，再放进蒸笼中蒸40～50 min，再炒干或晒干。碱处理法是100份菜籽饼加入 24 份 14.5%～15.5%的纯碱溶液，其他的处理同上。

其他饼类饲料如胡麻饼、花生饼、葵花饼、芝麻饼等因不含什么有毒物质，只要无霉变，饲用较为安全，在保存时应注意防潮。

2. 块根块茎类饲料的加工利用

这类饲料的营养较为丰富，适口性也较好，是羊冬季不可多得的饲料之一。加工较为简单，应注意 3 个方面：一是霉烂的饲料不能饲喂；二是要将饲料上的泥土洗干净，用机械或手工的方法切成片状、丝状或小块状，块大时容易造成食道堵塞；三是不喂冰冻的饲料。饲喂时最好和其他饲料混合饲喂，并现切现喂。

3. 青饲料的加工利用

青饲料主要作为羊的刈割饲料。青饲料的加工主要是指刈割后的饲料加工，一般常用的加工方法一是将刈割后的青饲料用铡刀切碎后放入饲槽内让羊采食；二是将青饲料用绳子捆绑起来吊在羊舍内让羊采食；三是将青饲料晒干后供冬季饲用。饲喂青饲料时应注意以下问题：

(1)青饲料不宜放置过久，要现割现喂。放置过久的青饲料发热霉烂或变味，容易造成氢氰酸中毒和饲料的浪费。

(2)嫩玉米苗、嫩高粱苗中含有氢氰酸，无论是放牧还是刈割饲喂都有发生中毒的危险，不要鲜喂，要让水分蒸发掉一部分后才可以饲喂，并要少喂。

4. 牧草饲料的加工利用

无论是野生的牧草还是人工种植的牧草都是羊的主要饲料，约占羊饲料总量的 90%以上。牧草一年四季都可利用。为了保证冬季的饲料供应，往往在夏季牧草丰盛时期将鲜草刈割晒干长期保存，待冬季再经过加工饲喂，这种夏草冬用的牧草饲用方法具有成本低、经济效益高、贮藏方便的特点。所以牧草的晒干、调制、保存和利用就成为青饲料的主要加工方式。

干草的晒制方法

原地平晒干燥法　原地平晒干燥法就是牧草刈割后直接在牧草地进行晒干调制。其优点是可以迅速地将牧草进行干燥，减少营养物质的损失，保持原有牧草的营养价值。晒制方法是：在牧草生长的适宜时期，如禾本科牧草在抽穗灌浆期、豆科牧草在开花盛期进行刈割晒制。人工刈割后将牧草薄薄地平摊在草地上进行曝晒，根据当时的气候及牧草的含水情况，适当翻晒以加速水分的蒸发。一般夏季晒制时，第一天早上刈割的牧草到傍晚叶片已经凋萎，估计水分已降到50%时，就可把青草集成高1 m的小堆进行自然风干。或者第一天刈割的牧草，第二天进行翻晒后放在草棚下垛成大堆保存，或机械打捆保存。拉运干草应在早上趁干草发软时进行，这样可减少叶片的掉落损失（图3-6）。

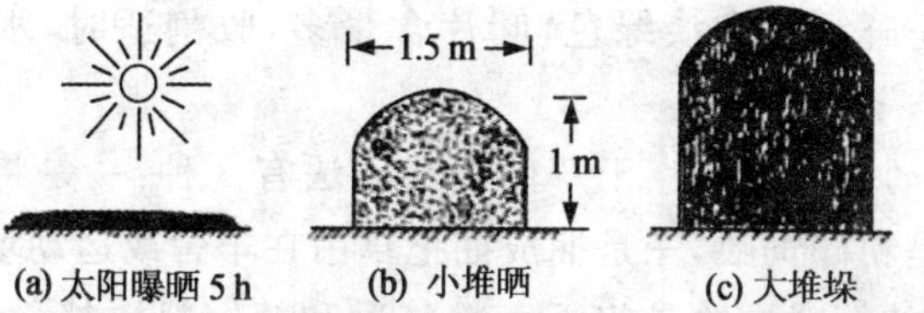

图 3-6　晒制干草

引自岳文斌《舍饲养羊新技术》，2003

阴干法　在少量晒制干草时可采用阴干法，方法是牧草在刈割后稍稍在原地晒制，估计水分降到50%时，就可把草拉放在草棚下进行自然阴干，这样晒制的干草营养成分损失较少，干草呈青绿色，但需要较大的晾晒阴干草棚（图3-7）。

人工干燥法　此法是采用加热的空气，将青草水分烘干，干燥的温度如为50～70℃，需5～6 h；如为120～150℃，需5～30 min完成干燥。在高温800～1 100℃下经过3～5 s可使水分降到10%～12%。

图 3-7 晾草棚小堆阴干示意图

引自岳文斌《舍饲养羊新技术》,2003

干草的品质评定　干草品质的优劣决定了干草的饲用价值,常用的评定方法是外观评定法。主要通过干草中优质牧草所占的比例、干草的颜色、气味、干草的含叶量、干草的刈割期、干草的含水量等方面进行综合评定。优质干草应是豆科牧草含量多,毒草含量少,呈鲜绿色和淡绿色,叶片含量多,收割适时,水分含量在17%以下。

干草的饲喂方法　干草的饲喂方法有 3 种:一是将干草铡短饲喂,二是粉碎饲喂,三是捆成捆把草吊在羊舍或运动场饲喂。其中最经济的饲喂方法是将干草粉碎后和精饲料搅拌一起饲喂,这样,草的利用率较高,减少浪费。其次是将干草铡短饲喂,一般长度为 2～3 cm。

5. 秸秆饲料的加工方法

秸秆饲料是农区冬季养羊的主要饲料之一,其利用方式有两种:一是不经加工直接饲喂,让羊随意采食,这种饲喂方式羊仅采食了叶片,并因踩踏造成大量浪费,秸秆的采食利用率在 0%～30%,浪费现象十分严重,往往造成冬季饲草不足。秸秆加工的目的就是要提高秸秆的采食利用率、增加羊的采食量、改善秸秆的营养品质。秸秆饲料常用的加工方法有 3 种:物理方法、化学方法和生物方法。

物理处理法

(1)切碎　切碎是秸秆饲料加工最常用和最简单的加工方法，是用铡刀或铡草机(图 3-8 和图 3-9)将秸秆饲料和其他粗饲料切成 1.5～2.5 cm 长的碎料。这样可以减少饲草由于羊踩踏、挑剔而造成的浪费。这种方法适用于青干草和茎秆较细的饲草，对粗的作物秸秆虽有一定的作用，但仍由于羊的挑剔，粗秸秆采食利用率仍很低。

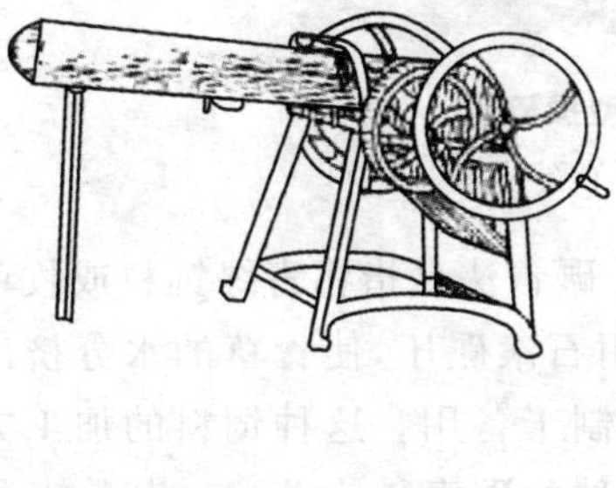

图 3-8　滚筒式铡草机

引自岳文斌《舍饲养羊新技术》,2003

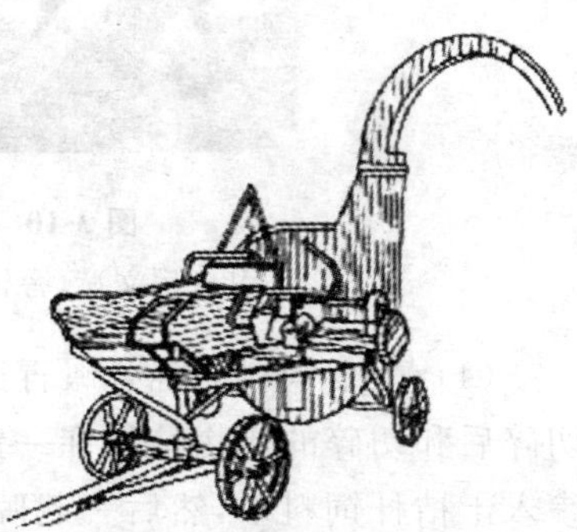

图 3-9　圆盘式铡草机

引自岳文斌《舍饲养羊新技术》,2003

(2)粉碎　用粉碎机将粗饲料粉碎成 0.5～1 cm 的草粉，使粗硬的作物秸秆、牧草的茎秆破碎。由于草粉较细，不仅可以和饲料混合饲喂，还利于饲料的发酵处理和加工成颗粒饲料。粉碎可以最大限度地利用粗饲料，使浪费减少到最低限度，并且投资少，不受场地的限制；但应注意的是粉碎的粒度不能太小，否则影响羊的反刍，不利于消化。草粉应和精饲料混合拌湿饲喂，发酵、氨化后效果更佳。草粉还可以制成一定形状和大小的颗粒饲料，不仅利于咀嚼和改善适口性，防止羊挑食、减少饲草的浪费，而且还具有体积小、运输方便、易于贮存和配制全价饲料等优点。

(3)揉碎　揉碎的目的是为了肉羊咀嚼方便，提高其适口性，减少饲料的浪费，提高采食量，也便于与其他饲料进行合理搭配。近年来，随着饲料工业的发展，将揉切后的粗饲料与其他饲料混合压制成颗粒状，这种饲料利于贮存、运输，适口性好，营养全面。这就是目前市场上销售的颗粒饲料。小型揉碎机见图 3-10。

图 3-10　小型揉碎机

引自岳文斌《舍饲养羊新技术》，2003

(4)青、干饲料的混合碾青法　碾青法是指将青绿饲料或牧草切碎后和切碎的作物秸秆在一起用石滚碾压，使青草的水分挤出渗入干秸秆饲料中，然后一起晾晒制干备用。这种饲料的加工方法在农区较为多见，如将苜蓿和麦秸的碾青较为普遍。其特点是碾压时青草的水分和营养随着液体的渗出到秸秆饲料中，使营养损失降低，同时也利于青草的迅速制干。

(5)热喷法　热喷处理是将秸秆等粗饲料装入热喷机中，利用热蒸气，经一定时间的高压热处理后，突然降低气压，使经过处理的粗饲料膨胀，类似制造爆米花过程，制成的饲料色、香、味均好(图 3-11)。这种处理方法使粗饲料利用率提高 2～3 倍。

化学处理法

(1)氨化处理法　氨化法就是用尿素、氨水、无水氨及其他含氮化合物(碳铵)溶液，按一定比例喷洒或灌注于粗饲料上，在常温、密闭的条件下，经过一段时间后使粗饲料发生化学变化，这样处理后的饲料叫氨化饲料(图 3-12)。氨化可提高粗饲料的含氮量，除去秸秆中的木质素，提高粗饲料中粗纤维素的消化率，改善

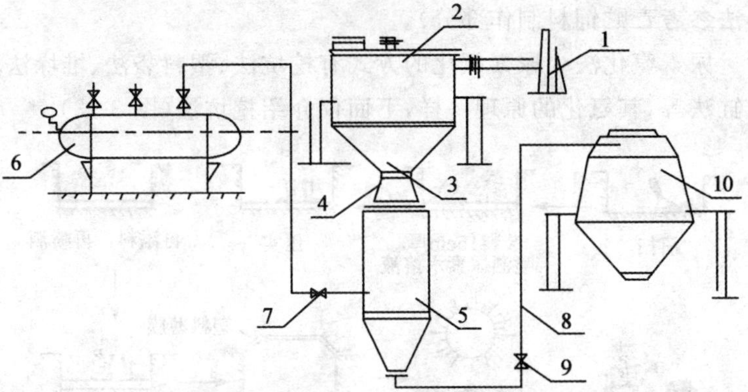

1. 铡草机　2. 贮料罐　3. 进料斗　4. 进料阀　5. 压力罐　6. 蒸汽罐　7. 供汽阀　8. 排料管　9. 排料阀　10. 泄压罐

图 3-11　热喷工艺示意图

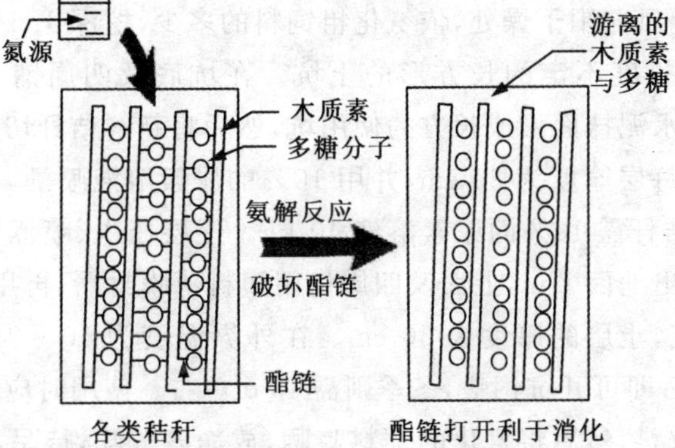

图 3-12　秸秆氨化原理图

引钟声《肉羊生产大全》,2003

粗饲料的适口性,使饲料的营养价值和采食利用率提高。由于饲料中非蛋白氮的增加,在瘤胃微生物的作用下,使蛋白质的总量增加。氨化处理可分为尿素氨化法和氨水氨化法(秸秆的加工处理办法参考青贮饲料制作部分)。

尿素氨化法　尿素氨化的方式有挖坑法、塑料袋法、堆垛法和水缸法等,其氨化的原理一样,下面仅介绍挖坑法(图 3-13)。

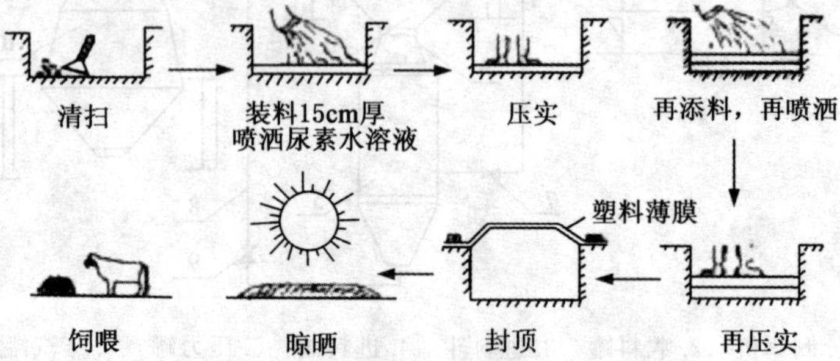

图 3-13　用尿素和碳铵制作氨化秸秆示意图

引自岳文斌《舍饲养羊新技术》,2003

在避风向阳干燥处,依氨化粗饲料的多少,挖深 1.5～2 m、宽 2～4 m,长度不定的长方形的土坑。在坑底及四周铺上塑料薄膜,或用水泥抹面形成长方的使用坑,然后将新鲜秸秆切碎分层压入坑内,每层厚度为 30 cm,并用 10%的尿素溶液喷洒,其用量为 100 kg 秸秆需 10%的尿素溶液 40 kg。逐层压入、喷洒、踩实、装满,并高出地面 1 m,上面及四周仍用塑料薄膜封严,再用土压实,防止漏气,土层的厚度为 50 cm。在外界温度为 10～24℃时,经 2～4 周后即可开坑饲喂,冬季则需 45 d 左右。使用时应从坑的一侧分层取料,然后将氨化的饲料晾晒,放净氨气味,待呈清香味时便可饲喂。饲喂时应由少到多逐渐过渡,以防急剧改变饲料引起羊的消化道疾病。

塑料袋氨化法、水缸氨化法和堆垛法尿素的使用量和坑埋法相同,装好后也要注意四周封闭严实,防止漏气。

氨水氨化法　用氨水和无水氨氨化粗饲料,比尿素氨化的时间短,需要有氨源和容器及注氨管(图 3-14)。氨化的形式与尿素法相同。向坑内填压、踩实秸秆时,应分点填入注氨塑料管,管直通坑外。填好料后,通过注氨管按原料 12%比例注入 20%的氨水,或按原料重的 3%注入无水氨,温度不低于 20℃。然后用薄膜封闭压土,防止漏气。经 1 周后即可饲喂。饲喂前也要通风晾晒 12～24 h,待氨味消失后才能饲喂。此法能除去秸秆中的木质素,既可提高粗纤维的利用率,还可提高秸秆中的氮,改善其饲料营养价值。用氨水处理的秸秆,每千克营养价值可从 0.22 个饲料单位提高到 0.45 个饲料单位,蛋白质的含量从 10 g 增加到 25 g。有机质的消化率提高 4.7%～8.0%。其营养价值提高而饲料成本降低。环境温度与氨化所需时间的关系及氨化秸秆品质感官鉴定标准分别见表 3-9 和表 3-10。

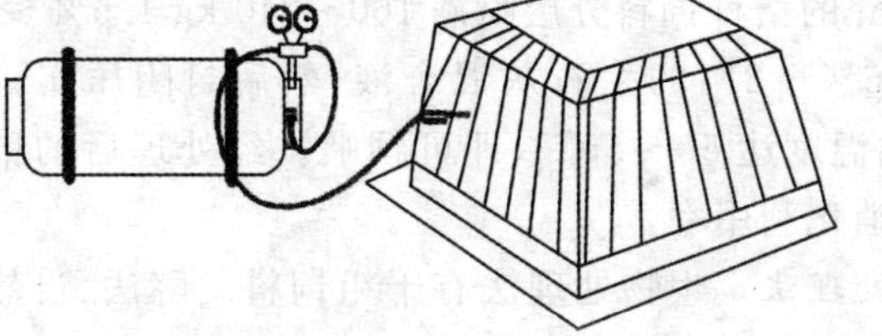

图 3-14　充氨图

引自岳文斌《舍饲养羊新技术》,2003

表 3-9　环境温度与氨化所需时间的关系

环境温度/℃	氨化所需时间/d	环境温度/℃	氨化所需时间/d
0～10	28～60	30～45	7
10～20	14～28	45	3～7
20～30	7～14	90(氨化炉温度)	0.7～1

表 3-10 氨化秸秆品质感官鉴定标准

等级	颜 色	气 味	质 地
上等	棕色、褐色、深黄色，发亮	焦煳味或酸面包味	柔软，发散，草束易拉断
中等	金黄色，色泽较暗	无焦煳味	草束可拉断
下等	原秸秆稍黄	无焦煳味部分与原料相同	草束不易拉断
等外	发白，发黑，有霉云	强烈的霉味	糟损，发粘，可有酱块

(2)碱化处理法 碱化处理最常用而简便的方法是氢氧化钠和生石灰混合处理。这种处理方法的原理是：碱的氢氧根经化学作用，可使纤维素之间的联系破裂或减弱，有利于瘤胃中的微生物对饲料的消化，提高粗饲料中有机物的消化率。处理方法是：每 100 kg 切碎的秸秆饲料分层喷洒 160～240 kg 1.5%～2%的氢氧化钠和 1.5%～2%的生石灰混合液，然后封闭压实。堆放 1 周后，堆内的温度达 50～55℃，即可饲喂。经处理后的秸秆可提高其饲料的消化利用率。

生物处理法 生物处理法有干粗饲料发酵法、自然发酵法和微干贮法等。

(1)干粗饲料发酵法 将粗饲料粉碎加入 2%的发酵用菌种，菌种用水化开后喷洒在切碎的秸秆饲料上，使秸秆饲料达到用手握有水而不滴水的程度，然后上面盖上干草粉或麦秸，起保温作用。当内部的温度达 40℃左右时，上下翻动饲料一次，封闭 1～3 d 即可饲喂。

(2)自然发酵法 在粉碎后的秸秆饲料中拌入适量的精饲料(或不拌料)，然后用水浇湿拌匀、堆放压实，经 2～3 d 后，堆内自然发酵，温度升高，有发酵的香味时即可饲喂。每次将上次的发酵饲料拌入下次的草粉中，循环使用。经发酵后的饲料松软、有香味、适口性好，饲料的采食利用率高。

(3)微干贮法　微干贮就是用秸秆生物发酵饲料菌种对秸秆饲料(包括青贮原料和干秸饲料)进行发酵处理，以提高秸秆饲料利用率和营养价值的饲料加工方法。此方法是耗氧发酵和厌氧保存，和青贮饲料的制作原理不同。其菌种的主要成分为：发酵菌种、无机盐、磷酸盐等。每 500 g 菌种可制作干秸秆 1 t 或青贮 3 t。每吨干秸秆加水 1 t，食盐 5 kg，麸皮 10 kg。青贮每吨加水 50 kg，食盐 2 kg，麸皮 3 kg。海星牌微贮王秸秆发酵活干菌为 3 g 一包，可处理稻麦秸秆、黄玉米秸秆 1 000 kg，或青玉米秸秆 2 000 kg；食盐和水的用量分别为 12 kg、1 500 kg，8 kg、1 500 kg，青玉米秸秆可不加食盐，加水适量(表 3-11)。

表 3-11　微贮王菌液的配制和用量

秸秆种类	重量/kg	活干菌用量/g	食盐/g	水/kg
稻草秸秆	1 000	3.0	12	1 500
黄玉米秸	1 000	3.0	8	1 500
青玉米秸	1 000	1.5	—	适量

菌液的配制：将菌种倒入适量的水中，加入食盐和麸皮，搅拌均匀备用。海星牌微贮王活干菌的配制方法是将菌种倒入 200 mL 的自来水中，充分溶解后在常温下静置 1～2 h，使用前将菌液倒入充分溶解的 1%食盐溶液中拌匀。菌液应当天用完，防止隔夜失效。

加工方法：微干贮时先按青贮饲料的加工方法挖好坑、铺好塑料薄膜，饲料切碎装窖的方式、注意事项和青贮饲料相同，只是在装窖的同时将菌液均匀地洒在窖内切碎的饲料上，边洒边踩边装。装满后在饲料上面盖上塑料布，但不密封，过 3～5 d，当窖内的温度达 45℃以上时，均匀地覆土 15～20 cm 厚，封窖时窖口周围应厚一些踩实，防止进气漏水。

饲料的取用窖内饲料经 3～4 周后变得柔软呈醇酸香味时就可以饲喂,成年羊的饲喂量为 2～3 kg/d,同时应加入 20%的干秸秆和 10%的精饲料混合饲喂。取用时的注意事项和青贮料相同。

6.青贮饲料的制作

青贮是贮备青绿饲料的一种方法,是将新鲜的青绿饲料填入密闭的青贮塔(窖)或其他密闭容器内,经过一段时间微生物的发酵作用而发生一系列物理的、化学的、生物的变化,形成一种多汁、耐贮、适口性好、营养价值高、可供全年饲喂的饲料。其原理是,在密闭厌氧的环境中,霉菌的作用受到限制,而乳酸菌大量繁殖,从而将饲料中的淀粉和可溶性的糖乳酸化,降低饲料的 pH,抑制饲料中霉菌和腐败菌的生长,避免饲料的霉烂和变质,使饲料的营养成分被长期保存。

青贮发酵的过程可分为 3 个阶段:第一阶段是好气菌的活动,植物原料装入窖内活细胞继续呼吸、消耗青贮料间隙中的氧,产生二氧化碳和水,释放能量或热量。同时好气的酵母菌与霉菌大量生长和繁殖。从原料装入到原料停止呼吸,变为嫌气状态,这段时间要求越短越好,可以迅速地减少霉菌和其他有害细菌对饲料的作用。第二阶段是厌氧菌,主要是乳酸菌与分解蛋白质的细菌以异常快的速度繁殖,同时霉菌和酵母死亡,饲料中乳酸增加,pH 下降到 4.2 以下。第三阶段是当酸度达到一定程度,青贮窖内的蛋白质分解菌和乳酸菌本身也被杀死,青贮料的调制过程完成,各种变化基本处于一个相对稳定的环境状态,使饲料可以长时间地保存。

原料的选择及要求 用于青贮饲料的原料很多,如各种青绿状态的饲草、作物秸秆、作物茎蔓等。最常用的青贮原料是玉米秸秆和专用于青贮的玉米全株。对青贮原料的要求主要是原料要青绿或处于半干的状态,含水量在 65%～75%,不低于 55%。原料要无泥土、无污染。干燥、含水量少的作物秸秆不宜作为青贮的原料。

方式 青贮饲料的方式可按青贮容器的不同分为青贮塔青贮、青贮坑青贮和塑料袋青贮等。在大型的养殖场有使用青贮塔青贮饲料的，在一般的养殖场多采用青贮坑青贮，在农户青贮比较少的情况下可使用塑料袋青贮。在国外机械化程度较高的牧场也有使用大型塑料袋进行青贮的，每袋的青贮料为 800～1 000 kg。

制作方法 制作青贮饲料是一项季节性、时间性很强的突击工作，要求收割、运输、切碎、踩实、密封等操作连续进行，短时间完成。所以青贮前一定要做好各项前期准备工作，包括坑的制作、原料和人员的安排、机械的准备和必要用具、用品的准备等。

(1)青贮坑青贮法 青贮坑青贮具有造价低、青贮量大、不需特殊的设备、易于推广、便于操作的特点，是一般羊场和养羊专业户常用的青贮方式。

青贮坑地势的选择 青贮坑应选择在地势较高、土质结实、排水良好、地面宽敞、易于排水、离羊舍较近的地方。坑的大小依青贮料的多少而定。在农户饲养羊适量不是太多的情况下，可挖深 1～2 m、宽 2～4 m、长度不限的青贮坑(图 3-15)。坑的四周要平整，有条件时可用砖、水泥做成永久性的青贮坑，每次使用前将上年的饲料要彻底清理干净。土坑则必须在坑的四周铺上塑料薄膜，防止土混入饲料中和增加四周的密闭性。

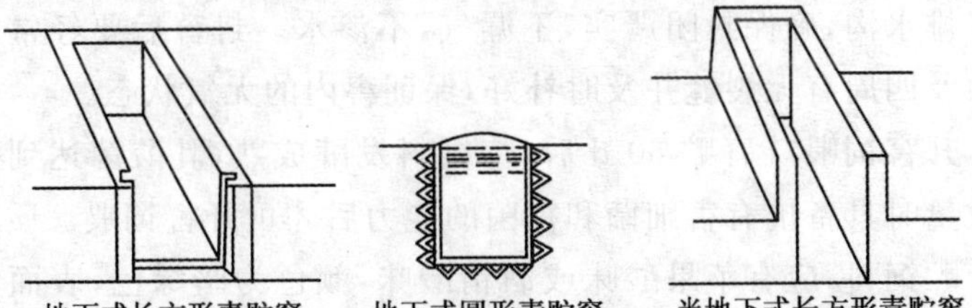

图 3-15 青贮窖

引自岳文斌《舍饲养羊新技术》，2003

原料的准备　青贮原料的准备,一是要适时收割,收割过晚的秸秆粗纤维增加、维生素和水分减少,营养价值也降低。二是收割、运输要快,原料的堆放要到位,保证满足青贮的需要,不要造成误工。

切碎和装窖　切碎和装窖同时进行,边切边装。羊的青贮饲料切碎的长度为1～2 cm,切碎前一定要把饲料的根和带土的饲料去掉,将原料清理干净。装窖应注意3点:一是注意原料的水分含量,适宜水分含量应为65%～75%,水分不足时应加水。适宜水分的作用是有利于饲料中微生物的活动,有利于饲料保持一定的柔软度,有利于在水分的作用下使饲料增加密度,减少间隙,减少饲料中空气的含量,便于饲料的保存。二是注意饲料的踩压,在大型青贮饲料的制作时,有条件的使用链轨车碾压。没有条件时组织人力踩压,要一层一层地踩实,每层的厚度为30 cm左右。特别是窖的四周一定要多踩几遍。三是装窖的速度要快,最好是当天装满、踩实、封窖。装窖时间过长时,容易造成好氧菌活动时间延长,饲料容易腐败。

封窖　当窖装满高出地面50～100 cm时,在经过多遍的踩压后,把窖四周的塑料薄膜拉起来盖在露出地面的饲料上,用塑料薄膜封顶和四周,然后压上50 cm的土层,拍平表面,并在窖的四周挖好排水沟,确保封闭严实,不漏气,不渗水。封窖后要经常检查窖顶及四周有无裂缝并及时补好,保证窖内的无氧状态。

开窖饲喂　青贮60 d后,待饲料发酵成熟,乳酸菌达到一定的数量时具备抗有害细菌和霉菌的能力后才可开窖饲喂。质量好的青贮饲料,应有苹果酸味或酒精酸味,颜色为暗绿色,表面无黏液,pH值在4以下。开窖后青贮料的饲喂要注意以下几点:一是发现有霉变的饲料要扔掉;二是开窖的面积不宜过大,防止暴露面积大,好氧的细菌使外面的饲料变质;三是取用时不要松动深层的饲料，以防空气进入；四是饲喂量要由少到多，使羊渐渐适应。在生产中，有的农民不了解青贮原理和使用要点，见饲料的表面有点发霉，怕饲料变质坏掉，就赶快把青贮窖上的塑料薄膜去掉并翻动，结果青贮饲料很快腐烂变质，造成了不应有的损失。

青贮饲料的制作步骤见图 3-16。

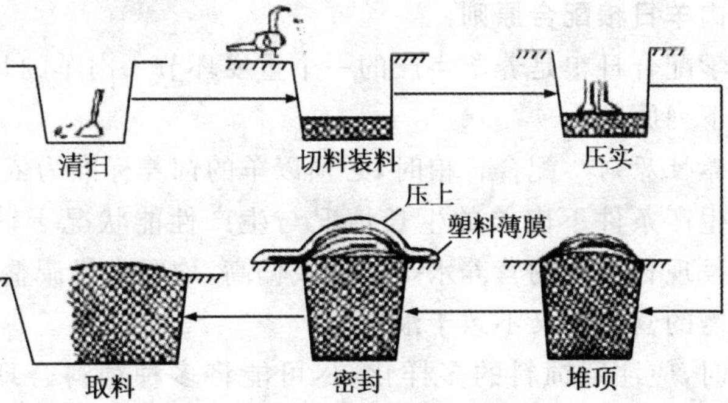

图 3-16　青贮制作步骤

引自岳文斌《舍饲养羊新技术》，2003

(2)塑料袋青贮法　塑料袋青贮就是把青贮料切碎后装入塑料袋后进行密闭保存，待发酵成熟后就可饲喂。其特点是可以少量地制作青贮饲料，取用方便，饲料的营养成分损失也较少。

青贮饲料感官鉴定标准见表 3-12。

表 3-12　青贮饲料感官鉴定标准

品质等级	颜色	气味	酸味	结构
优良	青绿或黄绿色，有光泽	芳香味浓，给人以舒适感	浓	湿润，松散柔软不粘手，茎叶能分辨清楚
中等	黄褐或暗绿色	有刺鼻酒酸味，芳香味淡	中等	柔软，水分多，茎叶部分能分清
低劣	黑色或褐色或墨绿色	有刺鼻的腐败味或霉味	淡	腐烂，污泥状，粘结成块或过干，无结构

五、肉羊的日粮配合

羊的日粮是指一昼夜(24 h)一只羊所采食的各种饲料总和。它是根据饲养标准所规定的各种营养物质的种类、数量和羊的不同品种、不同生理状态与生产水平,选用适当的饲料配合而成的。

1. 肉羊日粮配合原则

科学配合日粮是养羊生产的一个重要环节。肉羊的日粮配合要遵循下列原则:

营养性原则　配合日粮时,必须以羊的饲养标准为依据,并结合不同生产条件下肉羊的生长情况与生产性能状况予以灵活应用。若发现日粮中的营养水平偏低或偏高,均要进行调整,以满足肉羊所需的营养而又不致于浪费。

同时,应注意饲料的多样化,尽可能将多种饲料合理搭配使用,以充分发挥各种饲料的营养互补作用,平衡各营养素之间的比例,保证日粮的全价性,提高日粮中营养物质的利用效率。肉羊的日粮应以青饲料、干粗饲料、青贮饲料、精料及各种补充饲料等加以搭配使用。既要使配合的日粮有一定的容积,羊吃后具有饱感,又要保证日粮有适宜的养分浓度,使羊每日采食的饲料能满足所需的营养。各种饲料的大致配比为:总日粮中干物质,青粗饲料占50%～60%,精料占40%～50%。精料中,籽实饲料占30%～50%,蛋白质饲料占15%～20%,矿物质饲料占2%～3%。

经济性原则　羊是反刍动物,可大量使用青粗饲料,尤其是可以将农作物秸秆处理后进行饲喂。羊对日粮中蛋白质的品质要求也不高。因此,配合日粮时,应以青粗饲料为主,再补充精料等其他饲料,尽量做到就地取材,选用当地来源广泛、营养丰富、价格低廉的饲料配制日粮,以降低生产成本。

适口性原则　饲料的适口性与肉羊的采食量有直接关系。日粮适口性好,可增进肉羊的食欲,提高采食量;相反,日粮适口性不好，肉羊食欲不振，采食量减少，不利于肉羊的生长，达不到应有的增重效果。因此，对一些适口性较差的饲料加入调味剂，可使适口性得到改善。

安全性原则　随着无公害食品和绿色食品产业的兴起，消费者对肉类食品的要求越来越高，希望能购买到安全的肉食品。因此，配合日粮时，必须保证饲料的安全可靠。选用的原料包括添加剂，应质地良好，保证无毒、无害、不霉变、污染。在日粮中尽量不添加抗生素类药物性添加剂。养羊场和养羊户都要树立"安全肉"意识，对国家有关部门明令禁用的某些兽药及添加剂坚决不予使用。

2.日粮配制方法

给定条件：某羊场现有一批活重 30 kg 小尾寒羊羔羊，进行舍饲强度育肥，预计日增重 290 g 左右。本场现有：野干草、玉米青贮、谷草、玉米、麸皮、豆粕、棉籽饼、花生饼、石粉、磷酸氢钙、食盐、预混料(包含微量元素、维生素)。试配制日粮。

第一步，查羔羊肥育饲养标准，列出其养分需要量(表 3-13)。

表 3-13　羊的营养需要

体重 /kg	日增重 /(g/d)	采食量 /kg	代谢能 /(MJ/kg)	粗蛋白质 /g	钙 /g	磷 /g
30	290	1.40	14.22	191	6.6	3.2

第二步，列出所选饲料原料的养分含量(表 3-14)。

第三步，先满足粗饲料的要求。假设粗饲料采食量占体重的 2%，则可用粗饲料 30×2%=0.6(kg)粗饲料，其中，50%的玉米青贮 0.5 ×0.6=0.3(kg)，30%的野干草 0.3 ×0.6=0.18(kg)，20% 的谷草 0.2 ×0.6=0.12(kg)。计算出粗饲料提供的养分(表 3-15)。

表 3-14 饲料原料营养成分含量(干物质基础)

原料	干物质/%	代谢能/(MJ/kg)	粗蛋白质/%	钙/%	磷/%
野干草	90.0	6.52	8.80	0.54	0.09
青贮玉米	26.0	0.39	8.00	0.40	0.08
谷草	90.2	6.61	5.00	0.38	0.03
玉米	88.0	14.27	9.50	0.05	0.24
麸皮	88.5	10.25	15.50	0.20	0.89
豆粕	90.0	13.32	45.00	0.31	0.61
棉籽饼	89.0	11.56	40.00	0.24	0.97
花生饼	89.5	15.85	42.00	0.25	0.52
磷酸氢钙				28	16
石粉				35	

表 3-15 日粮粗饲料所提供的养分

日粮组成/kg	干物质/kg	代谢能/MJ	粗蛋白质/g	钙/g	磷/g
野干草	0.18	1.17	15.84	0.972	0.162
青贮玉米	0.30	2.32	24.00	1.200	0.240
谷草	0.12	0.79	6.00	0.456	0.036
总计	0.60	4.28	45.84	2.628	0.438
需由精料来满足的养分	0.80	9.94	145.16	3.972	2.762

第四步,初拟精料混合料配方。据前面知识和实践经验,初拟精料混合料配方:玉米 55%、麸皮 10%、豆粕 15%、棉粕 8%、花生饼 10%、其他 2%(预混料 1%、食盐 0.5%～0.9%)。由需精料提供的干物质换算各原料需提供的干物质(表 3-16)。

表 3-16　初拟精料配方

原　料	干物质/kg	代谢能/MJ	粗蛋白质/g
玉米	0.440	6.280	41.8
麸皮	0.080	0.820	12.4
豆粕	0.120	1.598	55.2
棉籽饼	0.064	0.740	25.6
花生饼	0.080	1.268	34.4
其他	0.016		
总计	0.800	10.706	169.4
与需要量相比		+0.766	+24.24

由表 3-16 可知，与需要量相比，能量已基本满足需要，而蛋白偏高。可用能量和蛋白均较低的麸皮代替等量的豆粕。每代替 1 kg 则蛋白减少 0.46－0.155＝0.305(kg)＝305 (g)，则须代替 24.24÷305＝0.079 (kg)，此时能量降低（13.32－10.25）×0.079＝0.243 (MJ)。因此，豆粕改为 0.12－0.079＝0.041(kg)，麸皮为 0.08＋0.079＝0.159 (kg)。

表 3-17 为调整后的精料配方。

表 3-17　调整后的精料配方

原　料	干物质/kg	代谢能/MJ	粗蛋白质/g	钙/g	磷/g
玉米	0.440	6.280	41.80	0.220	1.056
麸皮	0.159	1.630	24.65	0.318	1.415
豆粕	0.040	0.532	18.40	0.124	0.244
棉籽饼	0.064	0.740	25.60	0.154	0.621
花生饼	0.080	1.268	34.40	0.200	0.416
总计		10.450	144.85	1.016	3.752
与需要量相比		+0.510	−0.31	−2.956	+0.990

可知，能量和蛋白均满足需要，再看钙和磷，磷在允许范围±5%，而钙尚不足，可补充石粉 2.956÷350＝0.00 84（kg）。

第五步，将各原料换算为饲喂状态时的采食量，列出羊日粮配方（表 3-18）。

表 3-18　羊日粮组成与精料混合料配方　%

原料	野干草	青贮玉米	谷草	玉米	麸皮	豆粕	棉粕	花生饼	食盐	石粉	预混料
日粮组成	0.20	1.15	0.13	0.50	0.18	0.04	0.072	0.09	0.007 2	0.008 4	0.008
精料组成	—	—	—	55.4	19.5	4.5	8.0	10.0	0.8	0.9	0.9

六、肉羊的饲养管理

1. 肉羊的饲养方式

当前肉羊的饲养方式主要有：放牧饲养、舍饲饲养和放牧加补饲饲养 3 种，在生产实践中，应该本着当地的实际情况和自己的条件来选择不同的饲养方式，以能创造最大的养羊效益作为我们的根本宗旨。

下面，我们将对这 3 种饲养方式的技术要点、常见问题及注意事项逐一介绍，以便为肉羊养殖者选择不同的饲养方式提供一些帮助。

放牧饲养　放牧饲养是常用也是最经济的一种饲养方式。特点是节省草料、设备和管理费用。饲养成本最低。羊喜欢行走觅食，采食青绿饲料种类多，能获得较完全的营养。放牧技术要点如下：

（1）放牧羊组群　组群要依据放牧场地形、产草量及管理条件而定。地形复杂、产草量低的牧地，组群应小，反之可大些。组群时可考虑羊只的年龄、品种、性别、生理阶段、生产目的及健康状况等因素。一般将同一品种、年龄、性别的羊编入一群，也可将育成羊、老弱羊、妊娠羊、哺乳羊单编入一群，这部分羊对恶劣环境适应性差，要求营养条件高。

(2)训练头羊　羊群走路靠头羊，羊群只要有头羊，其他羊就会尾随之而行动。训练头羊要从羔羊训练，给与偏吃偏爱，日久之后，人、羊就有感情，使头羊招之即来，挥之而去。

(3)多吃少消耗　放牧羊群在牧地吃草的时间超过游走的时间越长越好，吃草时间长，行走消耗体能相对少，才能达到抓膘的目的。

(4)及时饮水、补盐　饮水和放牧同等重要，饮水以泉水、井水、流动河水为宜。死水最不安全。羊日需饮水量与羊只大小、气候冷热、饲料含水量等因素有关。一般来说，天冷时日饮水 1～3 次，天热时 3～4 次，成年羊在 5 L 以上，育成羊在 4～5 L。另外，盐是羊体内不可缺少的矿物质，不仅提供钠、氯两种营养元素，同时还能增加食欲、促进消化。补盐方法最好是自由舔食市售的盐砖，既补充了食盐，又补充了微量元素。

注意事项：放牧前检查羊群，发现病羊后留圈治疗。放牧人员应随身携带一些应急的药物器械，如套管针等。放牧时严禁用石块掷打羊，防止惊群，同时注意防止野兽侵袭。不要让羊群吃冰冻草、露水草、发霉草，不要饮污水，防止暴食暴饮。注意控制好放牧时间，要随季节的变化改变放牧时间。

舍饲　舍饲是农区常用的饲养方式。可以对不同阶段的羊实行不同的饲养，使其生长发育均衡，还能合理利用饲料，既解决粗饲料不足的实际困难，又减少了农作物秸秆浪费。饲料效率相对较高，便于集约化、机械化饲养。在放牧区枯草期应采取舍饲，有利于保膘，但成本较高，羊缺乏运动，体质较差。

舍饲要具备草架、饲槽、饮水槽，任羊自由采食，省工。也可采取定时饲喂，每日喂草 料 2～3 次，饮水 2～3 次。舍饲羊平均每日饲混合精料 0.5～1.0 kg，青贮或微贮饲料 1 kg 或经过盐化、氨化的秸秆 1.5 kg、胡萝卜 0.5～1.0 kg。

舍饲特点:舍饲养羊,将配种、产羔、哺乳、育肥等日常饲养管理程序化,在适合肉羊生长发育和繁殖的羊舍之内,采用专门化品种、全混合日粮、计划配种和综合防病等手段,有计划地集中生产,形成工厂化生产的工艺流程。这种肉羊生产体系是建立在当代畜牧科学技术和经营管理水平基础之上的集约化生产,按工厂化形式组织生产,规模可大可小,每批可生产肥羔数百至数千只,故又称为工厂化肥羔生产或工厂化养羊。我国大部分地区舍饲肉羊生产起步较晚,受传统观念、经济水平等因素限制,推行舍饲养羊还需要一个过程。

舍饲注意事项:

(1)定时、定量、定质、定人。要按时喂羊,使羊形成条件反射,

利于消化吸收。要根据不同羊只,确定喂草量、料量;要既能吃饱,又不浪费;要保证饲料质量和花色品种;有条件的要按饲养标准制定配合日粮;饲养人员也要相对固定。

(2)饲草、饲料、饮水要清洁,不喂霉变草料,饲草不能带水,冬天最好饮用温水。

(3)保持羊舍清洁、干燥,做到冬暖夏凉,粪便要经常打扫。

(4)要搞好春秋两次防疫和经常性的驱虫。

(5)搞好羊场平时的卫生、消毒工作,羊粪要堆积发酵处理后使用。

(6)增加羊只运动,保持羊体卫生。

放牧加补饲　在放牧期间草质不好,营养达不到标准或羊只吃不饱时就需补饲。补饲标准视羊只营养状况而定,补到营养标准为宜。该方法即在放牧的基础上,同时早晚补喂饲草和混合精料,进入枯草季节后转入舍饲育肥。此种育肥方法农区和牧区均可采用,它可根据牧草的生长状况和育肥羊的采食情况合理补料和补草,有利于肉羊分批育肥均衡上市,同时肉羊的日增重和胴体质量均较高,是现阶段适合于我国农村推广的一种较好的育肥方法。

该法既可采取前期放牧后期补饲分阶段进行，也可采用全期均匀放牧每日坚持适当补饲的方式。前者是利用放牧时期的草地资源优势，使羊在放牧期基本上得到肥育，后期进一步催肥达到肥育效果。此法适合有一定的草地资源，有一定的饲料贮备的地区，且适合成年淘汰羊的育肥；后者是草地资源不是太好，只肥育达不到育肥效果，所以采取放牧补饲连续进行。这种方式育肥时间要稍长，往往适用于羔羊育肥。

3 种饲养方式效果比较　在获取营养物质相近的情况下，采取舍饲、补饲和放牧 3 种方式，羊的增重产肉效果有明显不同，这是由于运动和防寒耗能不同的缘故。同时舍饲羊胴体干物质和脂肪含量较高，胴体评分也好。因此，舍饲育肥和补饲育肥是值得推广的饲养方式（表 3-19 至表 3-21）。

表 3-19　不同饲养方式育肥增重比较

指　标	舍　饲	补　饲	放牧不补饲
始重/kg	19.3±5.6	19.2±4.4	19.0±2.4
末重/kg	40.1±6.5	36.9±18.1	32.6±2.4
全期增重/kg	20.6±4.6	17.9±4.0	13.6±3.1
全期日增重/g	107.9±19.0	92.8±16.1	71.1±10.5

表 3-20　不同饲养方式屠宰性状比较

指　标	舍　饲	补　饲	放牧不补饲
宰前重/kg	45.5±6.8	32.3±4.3	27.9±7.0
胴体重/kg	23.8±4.4	19.8±2.7	10.9±5.5
净肉重/kg	18.2±4.2	11.9±2.3	8.1±2.8
屠宰率/%	52.1±3.9	46.2±5.2	38.9±2.2
净肉率/%	40.1±3.4	36.6±4.9	28.8±2.3
骨肉比	1∶4.8	1∶4.4	1∶3.0
背脂厚/cm	0.7±0.4	0.65±0.2	0.2±0.1

表 3-21 不同饲养方式育肥每只羊经济效益比较 元

项 目		舍 饲	放牧补饲	放牧不补饲
投入成本	羔羊成本	50.0	50.0	50.0
	人工费	10.0	10.0	10.0
	饲料费	52.5	10.5	
	防疫及其他	2.0	2.5	2.0
	小计	114.5	74.5	62.0
产出产值	肉脂	135.0	73.5	48.6
	羊皮	35.0	30.0	25.0
	产毛	2.2	1.5	1.5
	下水	5.0	4.0	4.0
	小计	177.0	109	79.1
盈亏		+62.5	+35.5	+17.1

比较结果表明：在获取的营养物质相近的情况下，无论是增重、屠宰性状还是经济效益，舍饲羊都比放牧补饲组及放牧组高，除精心的管理之外，还可能是由于舍饲羊活动少，减少了放牧时长途行走和抵御寒冷带来的消耗，从而使得更多的营养用于生长；而放牧补饲羊比放牧羊增重快是由于它们从精料中获取了更多营养的缘故。所以，如果条件允许，舍饲养肉羊是一种最好的饲养方式。

2.各类羊的饲养管理

种公羊的饲养管理 肉用种公羊的饲养应保持较好的膘情，使其具有健壮的体质，旺盛的性欲和良好的精液品质，以便更好地完成配种任务，发挥其种用价值。种公羊的饲养可分为配种期饲养和非配种期饲养。配种期的日粮大致为：精料 1 kg、苜蓿干草

或野干草 2 kg、胡萝卜 0.5～1.5 kg、食盐 15～20 g、骨粉 5～10 g，全部粗料和精料可分 2～3 次喂给。非配种期应补给精料 0.5 kg、干草 3 kg、胡萝卜 0.5 kg、食盐 5～10 g。

种公羊饲养以放牧和舍饲相结合为主，配种期种公羊以舍饲为主，放牧为辅，但应加强运动，每日刷拭，及时修蹄。种公羊舍应选择通风、干燥、向阳的地方，每只公羊约需面积 2 m^2，并要有较宽广的运动场。

成羊母羊的饲养管理　母羊担负着配种、妊娠、哺乳等任务，应保持良好的营养水平，从而实现多胎、多产、多活、多壮的目的。

配种前期的饲养：在配种前 1.5 个月，抓膘、复壮，为配种、妊娠贮备足够的营养。

妊娠期的饲养：妊娠期为 150 d，受胎后的前 3 个月为妊娠前期，前期胎儿发育较慢，所需营养较少，只要母羊体况良好，放牧饲养就可满足需要。妊娠最后的 2 个月，胎儿生长迅速，增重最快。这一阶段需要全价的营养和足量的营养物质，增加钙和磷 40%～80%，不宜吃发霉的、变质的饲料，不饮冰水，不让羊群受凉。

哺乳期的饲养：哺乳期大约 4 个月。羔羊生后的 2 个月，其营养主要依靠母乳。羔羊每增加 1 kg 体重约需母乳 5 kg。一般每只羊每日补饲精料 0.4～0.5 kg、干草 0.7～1 kg、多汁饲料 1 kg。乳后期母羊能力渐趋下降，应解饲精料。产羔的 1～3 d 内，如果母羊膘情好，可不喂精料、多汁饲料和青贮料，只喂优质干草，以防消化不良或发生乳房炎。

哺乳期圈舍经常打扫，保持清洁干燥。胎衣、毛团等污物应及时清除，以防母羊或羔羊灌吞。

羔羊的饲养管理　羔羊生长发育最快，可塑性较大，饲养的好坏会直接影响其本阶段的生长发育。

初乳期（初生至第 5 天）　母羊产后 5 d 以内的乳叫初乳，它含有丰富的蛋白质、脂肪、维生素等营养物质和抗体。羔羊初生后及时吃到初乳，对增强体质，抵抗疾病和排出胎便有很重要的作用。初乳吃的越早、越多，则增重越快，体质越强，成活率越高。

常乳期(6～60 d)　这一阶段，奶是羔羊的主要食物，但要早开食，训练吃草料，以促进前胃的发育，增加营养的来源。一般以10 d后开始给草，将幼嫩青干草捆成把吊于空中，让小羊自由采食。从20日龄后开始教吃料。

奶与草料过渡期(61～92 d)　这一阶段，羔羊食物开始奶与草料并重，注意日粮的能量、蛋白质营养水平和全价性。羔羊能采食饲料后，要求饲料多样化，最好喂给配合饲料，建议参考配方如下：

配方一　玉米50%，小麦麸20%，菜籽饼5%，大豆饼15%，骨粉2%，食盐1%，鱼粉4%，白糖2.5%，生长素0.5%。

配方二　玉米55%，豆饼32%，麸皮2%，苜蓿粉3%，糖密5%，食盐1%，碳酸钙0.7%，磷酸钙1%，无机盐预混剂0.3%。

配方三　玉米48%～50%，豆饼30%，大麦10%～12%，麸皮1.6%～4%，苜蓿粉1%～1.6%，糖密2%～3%，食盐0.5%，碳酸钙0.8%～0.9%，磷酸钙1.8%，无机盐预混剂0.3%。

1个月后的羔羊，随着日龄的增加，把羔羊赶到牧地上放牧，还要定时补给草料。母子分开放牧有利于增重、抓膘和预防生虫的传播。

为了防治发生白肌病，对生后5～6日龄的羔羊注射亚硒酸钠。断奶的羔羊在转群或出售前要全部驱虫。

育成羊的饲养管理　一般每只每日饲喂混合精料200～300 g，按公、母羊的月龄大小和饲草好坏，精料给量可适当调整。育成羊常用混合精料配方为：玉米50%，麸皮22%，豆饼17%，菜籽饼60%，尿素1.5%，骨粉2%，食盐1%，无机盐预混剂0.5%。

3.肉羊一般管理技术

标号　标号是羊育种工作中不可缺少的环节，标号后便于识别，可以记载血统、生长发育、生长性能等。现在标号大多采用带耳标的方法，耳标用铝或塑料制成（图 3-17），用特制的钢字把号数采在耳标上，或用特制的笔写上。

另外，标号也可用剪耳法（图 3-18），即在羊的左右耳上剪一定的缺口代表号数，如上缘一个缺为 3，下缘一个缺为 1，左耳为个位数，右耳为十位数，耳尖、耳中计百位。

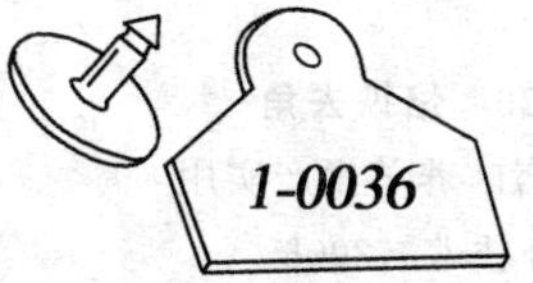

图 3-17　塑料耳标

自陈滨江《养羊生产实用综合技术》，2003

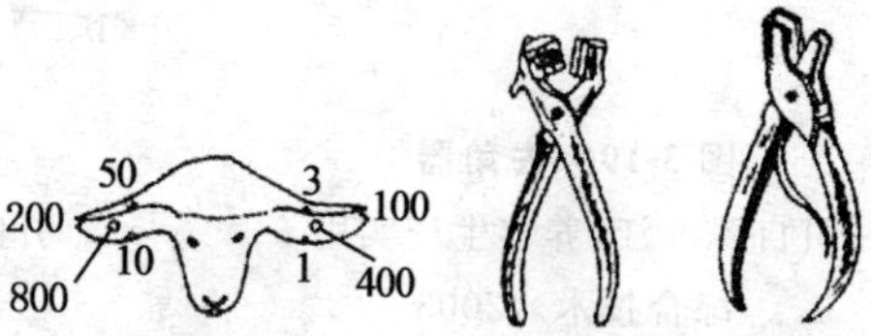

羊的剪耳号法　　刺墨钳与缺刻钳

图 3-18　剪耳号法及所用工具

引自陈滨江《养羊生产实用综合技术》，2003

去角　羊去角可以防止争斗时致伤，对有角的羊来说，去角是一个很重要的管理措施。方法是将羊羔侧卧保定，用手摸到角基部，剪去角基部羊毛，在角基部周围抹上凡士林，以保护周围皮肤。然后将苛性钠（或钾）棒，一端用纸包好，作为手柄，另一端在角蕾部分旋转摩擦，直到见有微量出血为止（图 3-19 和图 3-20）。

剪毛　剪毛时间选择在每年春季 5～6 月份的无风晴朗天气，剪毛前 12 h 羊群停止放牧、饮水和喂料。剪毛剪应均匀地贴近皮肤把羊毛一次剪下，留毛茬要低，若剪不齐，也不要重剪，以免影响羊毛的利用。不要让粪土、草屑等混入毛被。剪毛动作要快，时间不宜久拖，按一定的煎毛程序（图 3-21）。翻羊动作要轻，以免引起肠扭转。剪毛后不可立即大量饲喂，否则容易引起消化道疾病。剪毛后 1 周内，应注意羊舍保暖。粗毛羊除春季剪毛外，到 9～10 月份再剪一次秋毛。

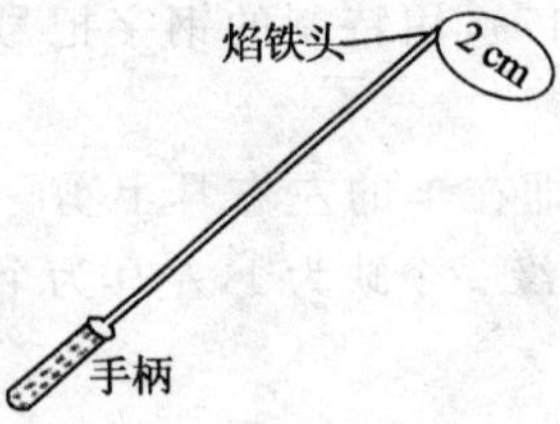

图 3-19 去角器

引自陈滨江《养羊生产实用综合技术》,2003

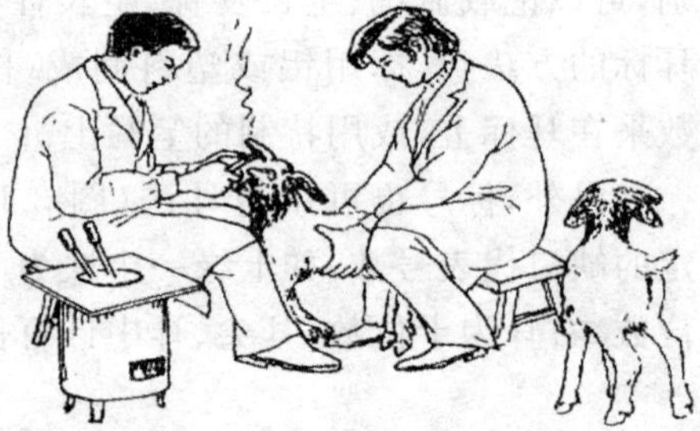

图 3-20 烙铁去角

引自陈滨江《养羊生产实用综合技术》,2003

图 3-21 剪毛程序

引自陈滨江《养羊生产实用综合技术》,2003

药浴　药浴的目的是为了预防和驱除羊疥癣、虱子等体外寄生虫的发生。药浴一般在剪毛后7～10 d进行，1周后重复一次，选择晴朗天空，药浴前停止放牧半天，并饮足水。常用的药浴液有0.05%双四脒溶液、0.025%林丹乳溶液等。药浴方法有池浴、淋浴和盆浴3种，可根据条件灵活选用。

去势　对于出生3～5 d的羔羊可用结扎法(图3-22)，即用橡皮筋扎紧睾丸的颈部。1周后睾丸因血管阻塞而坏死脱落，此法去势比较安全。

对于稍大一些的小公羊或成年公羊则要采用手术去势(图3-22)。方法是先用3%石炭酸或碘酊消毒阴囊，然后用一手握住阴囊上方，另一手用消过毒的刀在阴囊下方切开一口，约为阴囊长度的1/3，以能挤出睾丸为适度，切开后把睾丸连同精索一起挤出撕断。较大的公羊必要时结扎精索以防止过度出血造成死亡。摘除睾丸后，伤口涂上碘酊，并撒上磺胺粉。

断尾　断尾的目的是为了预防后躯及体侧毛被的污染，便于配种。断尾时间一般安排在出生后1周左右，选择晴天早晨进行，不要在阴雨天或傍晚进行断尾，阴雨天伤口难愈合。断尾的方法有热断法和结扎法两种。前者是用断尾钳在羊的第三、第四尾椎之间，用灼热的断尾钳夹住，并轻压截断处，渐渐烙断，伤口涂擦碘酒。结扎法断尾简单易行，值得提倡。该法用弹性较好的橡皮筋，紧套在第三、第四尾椎之间，断绝血液流通，尾下部得不到养分而萎缩，经过10 d左右便自行脱落。

修蹄　肉羊的蹄子如不整修，易成畸形，步履艰难，从而影响其生产性能。对于种公羊修蹄更为重要，因为蹄不好会影响运动，从而减少精液量和降低精液品质。修蹄最好是用果园整枝用的剪刀，先把较长的蹄角质剪掉，然后再用利刀把蹄子周围的角质修整成与蹄底接近乎齐(图3-23)。修蹄时间应选在雨后进行为好，因蹄质被雨水浸软，容易修整。

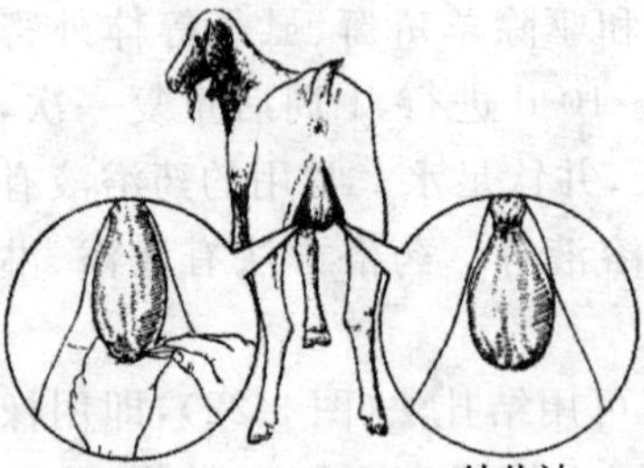

图 3-22 去势

引自李花太《舍饲养羊图诀 250 例》,2007

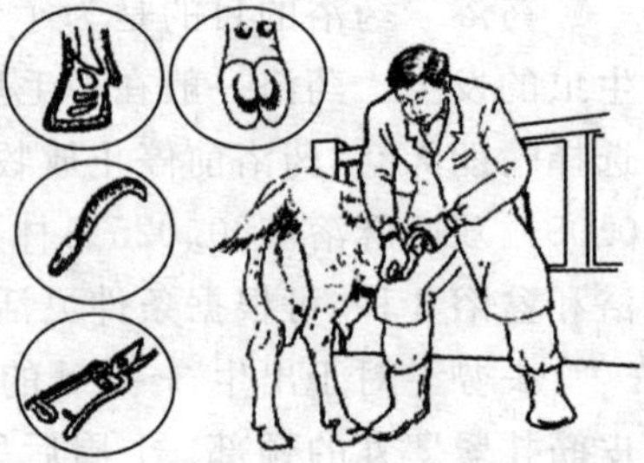

图 3-23 修蹄

引自李花太《舍饲养羊图诀 250 例》,2007

七、肉羊的育肥

1. 羔羊早期育肥

羔羊早期生长发育快、胴体组成部分的增加大于非胴体部分、脂肪沉积少、瘤胃利用精料的能力强等，故此时育肥羔羊既能获得较高屠宰率，又能得到最大的饲料报酬。

1.5 月龄断奶的羔羊，可以采用任何一种谷物类饲料进行全精料育肥，但玉米等高能量饲料效果最好。

羔羊自由采食、自由饮水，饲料的投给最好采用自制的简易自动饲槽。在运动场内添设盐槽，槽内放入盐砖，让羔羊自由舔食。

羔羊断奶前半月龄实行隔栏补饲或让羔羊早、晚一定时间与母羊分开，活动区内设料槽和饮水器，其余时期仍母子同处。羔羊育肥期常见的传染病是肠毒血症和出血性败血症。肠毒血症疫苗可在产羔前给母羊注射或断奶前给羔羊注射。也可以在育肥开始前注射快疫、猝狙和肠毒血症三联苗。断奶前补饲的饲料应与断奶后期育肥料相同。育肥期一般为 50～60 d，此间不能断水和断料。

2. **断奶后羔羊育肥**

羔羊断奶后肥育是羊肉生产的主要方式，因为断奶后羔羊除小部分选留到后备群外，大部分要进行出售处理。一般对体重小或体况差的进行适度育肥，对体重大或体况好的进行强度育肥。

预饲期大约为15 d，可分为3个阶段。第一阶段1～3 d，只喂干草，让羔羊适应新的环境。第二阶段7～10 d，从第3天起逐步用第二阶段日粮更换干草日粮，精粗比例36∶64，第7天换完喂到第10天。第三阶段是10～14 d，精粗比例50∶50预饲期于第15天结束后，转入正式育肥期。

精料型日粮　仅适于体重较大的健壮羔羊肥育用，如初重35 kg左右，经40～55 d的强度育肥，出栏体重达到48～50 kg。管理上要保证羔羊每只每日食入粗饲料45～90 g，进圈羊只活重较大，绵羊为35 kg左右，山羊20 kg左右。进圈羊只休息3～5 d注射三联疫苗，预防肠毒血症，再隔14～15 d注射一次。保证饮水，从外地购来羊只要在水中加抗生素，连服5 d。保持槽内饲料不出现间断，每只羔羊应占有7～8 cm的槽位宽度。

粗料型日粮　可按投料方式分为两种：一种普通饲槽用，把精料和粗料分开喂给；另一种自动饲槽用，把精粗料合在一起喂给。

青贮饲料型日粮　以玉米青贮饲料为主，可占到日粮的67.5%～87.5%，不适用于肥育初期的羔羊和短期强度肥育羔羊，可用于育期在80 d以上的体小羔羊。日增重要达到110～160 g，羔羊每日进食量不低于2.30 kg。

3. **成年羊育肥**

成年羊育肥时应按品种、活重和预期增重等主要指标确定肥育方式和日粮标准。育肥方式可根据羊只来源和牧草生长季节选择，目前主要的育肥方式有放牧与补饲混合型和颗粒饲料型两种。预育期7～10 d，适应环境饲料，并进行去势驱虫、注苗、灭癣、修蹄等，育肥期2～3个月，第一个月精料占60%～65%，第二个月占

70%，第三个月占 80%，精料消化能在 12.56 MJ 以上，总蛋白12%以上，钙、磷比例 2.25：1。

颗粒饲料型适于有饲料加工条件的地区和饲养的肉用成年羊和羯羊。肥育羊入圈前进行分群、称重、环境清洁。圈内设有足够的水槽和料槽，以保证不断水、不缺盐。安排合理的饲喂制度，成年羊日粮的日喂量依配方不同而有差异，一般为 2.5～2.7 kg，每日投料 2 次，日喂量的调节以饲槽内基本不剩为宜。

本章重点提示

1. 秸秆是肉羊的一类重要饲料，对秸秆进行合理的加工调制，比如青贮、氨化等，可改善秸秆的营养品质，有效提高其利用率。

2. 添加助长剂要用低毒的、易排泄的物质，如喹乙醇、瘤胃素等。

3. 掌握每月成本投入及育肥日增重速度，了解可出栏羊只数，做到及时出栏。

4. 舍饲育肥最好以羔羊为主，肥羔销售较快，并且比成年羊的批发肉价格高 0.5～1 元/kg，在同等条件下，饲料报酬、产肉比较高，利润较高。

5. 规模舍饲育肥，应当以科学化和规范化的模式，节能节耗，最大限度地利用本地饲草饲料的资源优势，合理科学地配置，为舍饲育肥羊提供一个安全、舒适的育肥环境，确保育肥工作的顺利进行。

第四章 肉羊繁殖高效化

本章知识新亮点:利用繁殖新技术,实现肉羊繁殖高效化

人工授精技术是规模化养羊的重要方法手段,可使优良种羊得到最大程度的利用,以满足生产需要。此外,同期发情技术、超数排卵技术和胚胎移植技术等生物新技术在肉羊生产中也逐步得到应用,使母羊繁殖潜力得以较大程度地发挥。

一年两产、两年三产、三年四产或三年五产高频繁殖生产体系的建立,最大限度地发挥了母羊的繁殖生产潜力,依市场需求全年均衡供应肥羔上市,使资金周转期缩短,最大限度地提高了养羊设施的利用率、劳动生产率,降低了生产成本,更便于工厂化管理。

一、肉羊的繁殖规律

1.性成熟及初配年龄

性成熟 经过初情期的母羊,生殖系统迅速生长发育,并开始具备繁殖能力,在不长的时期内即进入羊的性成熟期。虽然性成熟时期羊的生殖器官已发育完全,具备了正常的繁殖能力,但身体其他系统的生长发育还未完成,故性成熟初期的母羊一般不宜配种。过早配种怀孕将影响母羊自身的生长发育,也将影响胎儿的正常发育,长此下去,必将引起羊群品质下降。羊的性成熟期一般为5~10月龄,同时和体重有关,一般性成熟羊的体重为成年羊体重的40%~60%。此外,还因受品种遗传、气候、营养因素的影响而表现略有差异。通常山羊的性成熟比绵羊略早。

初配年龄 山羊的初配年龄较早,与气候条件、营养状况有很大的关系。南方有些山羊品种5月龄即可进行第一次配种,而北方有些山羊品种初配年龄需到 1.5 岁。通常山羊的初配年龄多为 10～12 月龄,绵羊的初配年龄多为 12～18 月龄。分布江浙一带的湖羊生长发育较快,母羊初配年龄为 6 月龄。我国广大牧区的绵羊多在 1.5 岁时开始初次配种。由此看来,分布于全国各地不同的绵羊、山羊品种其初配年龄很不一致,但根据经验,以羊的体重达到成年体重的 70%配种为宜。

2.母羊的发情与发情周期

发情　母羊发育到一定年龄时所表现的一种周期性的性活动,就是发情。发情时母羊兴奋不安,经常鸣叫,食欲减退,喜欢接触公羊或爬跨其他母羊,当被其他公羊或母羊爬跨时,就会站立不动,并不断插尾。阴部红肿,柔软松弛,有少量的黏液流出,频繁排尿。但处女羊发情不明显,个别拒绝公羊爬跨,不论发情征状是否明显,如果公羊紧紧追赶,就认为母羊已经发情。通过发情鉴定,可以及时发现发情母羊,以便及时配种,提高受胎率。和其他家畜相比较而言,肉羊的发情期短,外部表现不太明显,阴道检查比较困难,因此,肉羊主要采用试情和外部观察相结合来鉴定。试情就是将公羊(需戴试情布,也可做输卵管结扎或阴茎移位手术)按一定比例(通常按 1∶40 左右)每日一次或早晚各一次定时放入母羊群中,试探母羊是否发情。试情时,发现母羊站立不动并接受公羊爬跨,说明其已发情,挑出配种。发情母羊表现:喜欢寻找或尾随公羊,强烈摆动尾部,频繁排尿。当被公羊爬跨时则站立不动,母羊阴道只分泌少量黏液,外阴部没有明显的肿胀或充血现象。

发情周期　绵羊、山羊在其繁殖季节内发情周期多次重复,有多次发情表现。因为母羊从上一次发情到下一次发情的时间间隔(称发情周期),绵羊是 17 d(14～19 d),山羊是 21 d(18～24 d),因此,即使仅在秋季发情的羊也有可能多次重复发情。

3.配种季节及最佳配种时间

配种季节　羊属短日照动物,一般总是在秋、冬季节发情配种。这是长期自然选择的结果。野生条件下,羊总是选择有利于羔羊存活的时候分娩,秋季和冬初母羊体况较好,配种妊娠有利,产羔后经哺乳到断奶时,外界环境条件则有利于羔羊生长发育并安全度过翌年冬天,因此,长期的自然选择使羊具有季节性繁殖的属性。但是人工选择的干预使得这种属性发生了不同程度的变化,同时,也是某一品种适应相应生态环境的结果。如我国的小尾寒羊、湖羊、陕南白山羊等地方品种,萨福克、夏洛莱、波尔山羊等培育品种都具有四季发情的特性,即使全年发情的品种其发情也相对集中在春、秋两季。炎热的夏季和严酷的冬季都不利于公、母羊配种。

最佳配种时间　绵羊和山羊均属自发性排卵动物,即卵泡成熟后自行破裂排出卵子。排卵时间,绵羊在发情开始后20～30 h,山羊在24～36 h,配种一般应在发情开始后12～24 h进行。研究表明,羊在早晨6:30～7:30期间的交配比例最高,下午和黄昏时次之。所以为获得较好的受胎率,配种时间最好选择在早晨或下午。实践中一般是早晨发情的母羊,傍晚时进行交配,下午或傍晚发情的母羊,次日早晨配种。为了提高受胎率,通常在第一次交配后间隔12 h左右再复配一次。

二、肉羊的繁殖技术

1.母羊的发情鉴定

准确判断母羊发情状态,是准确掌握配种时间、防止误配或漏配、提高受胎率的关键环节。发情判定一般采用外部观察法和试情法。

外部观察法　发情羊精神状态和生理现象会有一些特殊的外部表现,其表现程度与品种、季节和饲养环境有关。山羊发情时兴奋不安,食欲减退,不停摆尾、绵叫。同时有的地方老百姓将山羊的发情现象称为“叫窝”;外阴部及阴道出血、肿胀、松弛、并有黏液排出。绵羊的发情周期一般较短,外部表现有时不明显,外部观察法受观察者的经验和发情羊的表现程度限制,其判定的准确性不如试情法。

试情法　这种方法比较简便易行,可以快速、准确地将发情母羊从羊群中鉴别出来。其原理是发情母羊会分泌一种特殊的气味,公羊可以通过气味识别出发情母羊。

试情公羊的准备:试情公羊必须体格健壮,性欲旺盛,无疾病,年龄以2~5周岁为好,为了防止试情公羊与母羊直接交配,用试情布(40 cm×40 cm的白布一块,四角缝上布带而成)兜在公羊的肚子下面,并兜住阴茎前端,四角用带子在背上系牢(图4-1)。试情公羊必须单圈饲养,除试情外,不要和母羊放在一起。

图4-1　戴试情布的试情公羊

引自岳文斌《舍饲养羊新技术》,2003

试情方法:试情通常在早晨和傍晚进行,按每40~50只母羊放入1只试情公羊的比例,将试情公羊放入母羊群。如果母羊拥挤在一起,要适当驱赶母羊群,以使每只母羊都有接触公羊的机会。通常发情母羊会主动接近公羊,公羊也会主动寻找发情公羊,找到后就立即爬跨,如果母羊发情正常,则会站立不动接受爬跨。这时可将发情母羊抓出,试情公羊便会去找下一只发情羊。这种方法效率高,准确率也高,且省时省力。

2.肉羊的妊娠诊断技术

配种后母羊是否受胎,在肉羊生产实践中是经常遇到的问题。早期妊娠检查,确诊母羊是否受胎对于保胎、减少空怀和提高繁殖率都具有重要意义。早期妊娠诊断的方法有:

超声波探测法　即用超声波的反射,对羊进行妊娠检查。一般采用根据多普勒效应设计的超声波诊断仪,探听母体内血液在脐带、胎儿血管和心脏中的流动情况即可进行诊断。这种方法一般在妊娠第 6 周时，准确性可达 98%～99%。

激素测定法　羊妊娠后，血液中孕酮激素的含量显著增加，利用这个特点对母羊可进行早期妊娠诊断。如在羊配种后 20～25 d，用放射免疫法测定，绵羊每毫升血浆中，孕酮含量大于 1.5 ng，妊娠准确率为 93%，奶山羊每毫升血浆中孕酮含量在 3 ng 以上，妊娠准确率为 98.6%，每毫升乳汁中孕酮含量在 8.3 ng 以上，妊娠准确率为 90%。

免疫学诊断法　羊妊娠后，胚胎、胎盘及母体组织分别能产生一些诸如激素或酶类等化学物质，其含量在妊娠一定时期显著增加，其中某些物质具有很强的抗原性，能刺激母羊机体产生免疫反应。通过抗原抗体结合反应所表现的某些理化性状，如凝集反应、沉淀反应等即可判断羊是否妊娠。一般用专门制备的抗妊娠血清可检测配种后 10～15 d 的母羊是否妊娠。

外部观察法　母羊妊娠后，外部表现为：周期发情停止，食欲增加，毛色润泽，性情变得温顺，行为谨慎小心。3～4 个月后，腹围增大，且腹壁向右侧突出，隔着腹壁可以触诊到胎儿，乳房胀大。具体做法是：操作者两腿夹住羊的颈部保定，用手紧贴羊右侧的下腹壁前后滑动，如能触摸到硬块，则说明怀孕。此法最大的缺点就是不能早期诊断母羊是否妊娠，而且有的观察项目要等到母羊怀孕 3～4 个月后才能明显看到。但它简单直观，不需用任何设备、仪器。

直肠检查法　羊的直肠检查需借助触诊棒，触诊棒是约 1.5 cm 粗、50 cm 长的一根木棒或塑料棒，前端需是弹头形，表面要光滑。触诊时，先将母羊仰卧保定，在直肠内灌入肥皂水 30 mL，将涂润滑剂的触诊棒插入羊的肛门，贴近脊柱，向直肠内插入约 30 cm，然后一手把棒的外端轻轻下压，使直肠内一端稍微挑起，以托起胎胞，另一手触摸羊的腹壁，如能摸到块状物者为妊娠，如摸到触诊棒，应再反复挑动触摸，始终摸不到块状物的为未孕。母羊怀孕 2～3 个月用此法检查比较理想，怀孕 3 个月后的母羊要慎用，同时要防止弄破羊的直肠。

目前，前三种方法在生产实践中应用得较少。生产中，最常用的不需仪器设备、比较简单的诊断方法是外部观察法和直肠检查法。

3.肉羊的诱导发情技术

诱导发情是对因生理（非繁殖季节、产后乏情）和病理（持久黄体、卵巢萎缩、幼稚型卵巢）原因不能正常发情的性成熟母羊，用激素和采取一些管理措施，使之发情的技术。

诱导乏情母羊发情，大多数是用激素处理。而母羊的性活动是在神经和内分泌的双重协调控制下实现的，一些情况下，非激素处理亦可达目的，如非繁殖季节以人工光照诱发母绵羊发情，在繁殖季节即将到来时，将公羊与母羊混群，促使母羊发情周期提早到来；激素处理促使母畜发情的作用是直接、明显和时间较确定的，非激素的诱因则是间接、延缓和时间不确定的。

绵羊的诱导发情　绵羊属于较为严格的季节性繁殖动物，在休情期内或产羔后不久作诱导发情处理，可使母羊发情和配种受胎，从而增加母羊年产羔数，实现两年三胎。对于那些发情季节到来后仍不发情的母羊，亦可通过处理保证其有正常的繁殖能力。

绵羊激素诱导发情，主要用孕激素预处理 14～18 d（药棒埋植或阴道栓），处理结束前 1～2 d 或当天肌内注射 500～1 000 IU PMSG（或约 10 IU/kg）。如 Wheaton 用含 400 mg 孕酮的海绵阴道栓处理乏情绵羊，结合注射 600～700 IU PMSG 或 GnRH，取得最高 61%的产羔率。1999 年，张居农等人用对比实验证实了对非繁殖季节母羊采用孕酮复合制剂，非繁殖季节的 PRID（氟孕酮阴道海绵栓）和撤栓前一天注射 PMSG，诱导母羊发情，提高了排卵率，高达 159%，繁殖率达 129%。高庆华等人（2000）对深度乏情的未断奶卡拉库尔母羊颈部肌内注射复合孕酮制剂 2 mL 同时阴道放置非繁殖季节氟孕酮阴道缓释装置，内含 FGA 50 mg，埋植 13 d，在撤栓的同时肌内注射 PMSG 400 mL，2～4 d 发情同期率 93.3%。杨梅等人于 2004 年 5 月在羊非繁殖季节利用 CIDR＋PMSG 对绵羊进行同期发情处理试验，埋植 CIDR 7 d，埋栓的第 6 天，肌内注射 PMSG 500 IU 和 $PGF_{2\alpha}$ 0.2 mg，第 7 天撤栓，撤栓后 24 h 肌内注射 LH 100 IU。结果在卵巢上出现卵泡或排卵的羊占处理羊数的 97.44%；出现红体（排卵）的羊占处理羊的 88.46%；平均排卵数（1.84±0.11）枚；得出结论：利用埋植 CIDR＋PMSG 同期化处理绵羊，完全可以对乏情期的绵羊进行同期发情处理，而且可采用定时输精，无需通过试情公羊来鉴定母羊发情，可以减少劳动力。

孕激素预处理结合 PMSG，在诱导季节性乏情绵羊发情方面，效果较结合 FSH 好。单独用 PMSG 也可引起卵泡发育和排卵，但往往无明显发情表现。

除使用孕激素处理外，2003 年刘喜生等人报道在发情季节使用三合激素对绵羊进行诱导发情得到了 90.0%的同期率，认为三合激素同样可以诱导绵羊发情。

山羊的诱导发情　山羊的诱导发情方法与绵羊的相似，以用孕激素处理为主，处理的时间有 11 d 或 21 d。处理 11 d 各月份都能较好地诱发母羊发情、配种，获得较高的受胎率。而处理 21 d 反而效果稍差。孕激素处理山羊诱导发情，在孕激素停药前 2 d 肌内注射 500～700 IU PMSG，可明显提高发情率和受胎率。赵永聚等 2003 年试验认为在孕激素阴道栓撤栓同时注射 $PGF_{2\alpha}$ 0.05～0.1 mg 可缩短撤栓与发情开始时间，并延长发情持续时间。

4. 肉羊同期发情技术

同期发情是用外源激素或其他类似物质，对母羊进行处理，有意识地干预其生理过程，人为地把发情周期的进程调整到相同阶段，使母羊在较短的 2～3 d 内集中发情，以便合理的组织配种，提高羊群繁殖率。

肉羊同期发情的原理　母羊的一个发情周期中，黄体期约占整个发情周情的 70%，黄体分泌的孕酮对卵泡发育成熟有很强的抑制作用。只有黄体消退后，孕酮下降，卵泡才能发育至成熟，母羊才能表现发情。因此，控制黄体的消长，是控制母羊发情的关键，已知的控制黄体消长的途径有两个：制造人为的黄体期和消除黄体。

制造人为的黄体期是用孕激素处理，使母羊卵巢上的黄体自然消退，由于外源孕激素的作用，卵泡发育成熟受到抑制，而外源孕激素作用期间不影响黄体的自然消退。如果外源孕激素作用的时间足够长，则处理期间所有母羊的黄体都会消退而无卵泡发育至成熟。停药后，抑制解除，就可能在同一时期内出现发情、排卵。

消除卵巢上黄体有效、便捷的方法是肌内注射 $PGF_{2\alpha}$ 及其类似物，PGc 是目前最有效的 PG 制剂。PG 处理后，促进黄体溶解使孕酮水平下降，卵泡发育趋向一致，从而导致同期发情。

同期发情所使用的激素种类　第一种是抑制卵泡和发情的制剂，即孕激素类物质如孕酮、甲孕酮、氯地孕酮、甲地孕酮、氟孕酮等；第二种是抑制黄体，促使其消退的制剂，如前列腺素；第三种是促进卵泡生长发育和成熟排卵的制剂，如孕马血清促性腺激素、人绒毛膜促性腺激素、促卵泡素、促黄体素以及具有促进内源性腺激素释放作用的促性腺激素释放激素。

同期发情处理方法　经过多年来的研究与应用，形成了两种主要方法：孕激素＋促性腺激素法和 PG 注射法。孕激素使用方法有两种：皮下埋植和阴道栓，其中阴道栓最常用。

孕激素阴道栓法：这种方法是将孕激素以海绵栓或有效释放装置如 CIDR 等形式埋置在阴道，预处理一定时间。2002 年庞训胜比较了孕酮阴道栓处理 12 d、14 d、16 d 的 96 h 发情率，认为以 12 d 为最佳孕酮阴道栓处理天数。

由于孕激素短期处理后发情率较低,因此在阴道栓中加入一定比例的雌激素或处理开始时注射一定的雌激素以加速黄体消退,处理结束后给予一定量的 GnRH 或 FSH、PMSG,以促进卵泡发育和排卵,提高受胎率。因此孕激素阴道栓配合促性腺激素又衍生出很多方法,如孕激素+GnRH、孕激素+FSH、孕激素+PMSG 等。

1980 年,张儒学用甲孕酮配合垂体促卵泡素(FSH)和垂体促黄体素(LH)用阴道海绵栓在绵羊方面进行同期发情试验,阴道海绵栓浸吸甲孕酮 60 mg 处理 16 d,取出后,肌内注射 FSH 30～35 IU,8 h 后肌内注射 LH 15～22 IU,获得的同期发情率 100%,受胎率为 78%,产羔率为 142%。1990 年,陈家振等用孕激素+PG+PMSG 法,先用孕酮处理 7～9 d,然后注射 $PGF_{2\alpha}$和 PMSG,同期发情率为 86%。1999 年 Ishida N. 在试验母羊阴道内放置 CIDR 12 d,撤出装置前一天注射马绒毛膜促性腺激素 12 d,分 3 组,第一组注射 GnRH 100 mg,第二组注射 HCG 500 μg,第三组给予 2 mL 的盐水对照,于取出装置后 44～45 h 人工授精,受胎率、繁殖率、产羔率差异不显著。

孕激素阴道栓+PMSG 法最常用,目前被认为是最适用于绵羊,既简便效果又好的一种方法,国外试验所得的受胎率为 34%～100%,国内张居农试验所得试验结果表明,大范围推广时也能得到 80%的受胎率。1982 年,J. N. B Shrestha 等人采用 40 mg 的 FGA 浸渗的阴道栓处理 12～14 d,撤栓时肌内注射 500 IU 的溶于生理盐水的 PMSG,在无角陶赛特羊、萨福克羊和北方雪维特羊上分别得到 79%、51%和 65%的受胎率。2004 年杨梅等人实验得出,利用埋植 CIDR+PMSG 同期化处理绵羊,完全可以对乏情期的绵羊进行同期发情处理,而且可采用定时输精,无需通过试情公羊来鉴定母羊发情,可以减少劳动力。

目前国内使用的孕酮栓有两种:CIDR 和海绵栓。CIDR 价格较海绵栓高，但效果要好于海面栓，任志强等人 2002 年对鲁白山羊进行同期发情处理，认为 CIDR 是一种很有效的同期发情药物，CIDR 配合 PMSG 效果好于注射氯前列烯醇方法。从开始放置 CIDR 到第 16 天时取出，放置时间长，对发情反应、卵泡活力、排卵率并无显著的影响。取 CIDR 栓后不足 24 h，便出现明显强烈的发情表现，发情率 88.2%。

PG 处理方法：用 PG 对羊进行同期发情，必须是繁殖季节已到，母羊即将进入发情周期时。绵羊发情周期的第 4～16 天，PG 处理才有效，由于羊的黄体在上次排卵后第 5 天和第 4 天才对 PG 敏感，故一次 PG 处理后的发情率理论值为 70%左右，因此通常采用两次注射 PG 或其类似物。第一次注射 PG 10～14 d 后再次进行 PG 处理。$PGF_{2\alpha}$ 的用量是肌内注射 4～6 mg，PGc 的用量是 50～100 μg。PG 同期发情后第一情期的受胎率较低，第二情期相对集中且受胎率正常。1997 年张天民等人经过一系列的试验证明，采用一次阴唇注射氯前列烯醇 0.05 mg，并同时注射 300 IU PMSG 和 $LRH\text{-}A_2$ 100 mg 做辅助处理，96 h 同期发情率为 100%，情期产羔率为 100%。2002 年田树军等人在山羊上采用间隔 8 d 两次注射 PG 的方法，取得了 88.9%(0～72 h)的同期效果。闫金华等人(2005)认为对进行一次同期处理未发情的山羊，在第一次处理后第 10 天进行第二次补注，每只羊注射氯前列烯醇 0.6 mL，同样可达到提高同期发情率(96.89%～97.6%)、发情母羊数。2003 年赵霞等人比较了 PG、CIDR+PMSG、孕酮海绵栓+PMSG 等方法对山羊进行同期发情处理，结果 3 种方法发情率无显著差异，但 PG 处理组黄体合格率(77.78%)显著低于 CIDR+PMSG 组(97.70%)、孕酮海绵栓+PMSG(97.08%)。从降低每只同期发情羊的处理成本考虑，处于发情季节的羊宜采用 PG 方法，若要求达到发情周期化的羊数量不大，而可供同期处理的羊数量足够大时，可采用一次注射的处理方法，从而通过降低注射次数来降低同期发情羊处理成本(田树军,2002)。

5.肉羊超数排卵技术

采用各种外源性促性激素,诱发母羊多数卵泡发育和排出具有受精能力的卵子的方法叫做超数排卵。在生产实践中,超排多用于两种目的:一是对母羊超排处理后配种,可明显增加母羊的每胎产羔数;二是结合胚胎移植技术,从供体母羊可每次获取更大数量的胚胎,移植给受体母羊。其目的都是充分发挥母羊的繁殖潜力和遗传潜力 。

肉羊超数排卵的基本原理　在发情周期的末期,母羊即将发情前几天或人为地用药物使功能黄体消退,这时卵巢上的黄体开始退化,卵泡开始发育,在这两者交替变化的关键时刻,使用适当剂量的促性腺激素如孕马血清促性腺激素等处理,提高供体母羊体内促性腺激素水平,使卵巢上有多个卵子在同一发情期内发育成熟并集中排卵,然后把握时机进行手术方法将卵取出,并进行卵的分离和质量鉴定,以备胚胎移植。

超数排卵的具体做法　在母羊发情周期的第 12 天或第 13 天(即发情的前 4 d)皮下注射孕马血清促性腺激素 600～1 100 IU,出现发情后或配种当日再静脉注射人绒毛膜促性腺激素 500～750 IU,可达到排卵目的。也可在同样时间注射促卵泡素 200～300 IU 代替孕马血清促性腺激素,用促黄体素 100～150 IU 代替绒毛膜促性腺激素。据 D. T. Armstron 等,对 13 只萨福克母羊一次注射孕马血清促性腺激素 750～1 000 IU,排卵数为(7.7±1.4)个,回收胚胎(3.5±1.6)个;另 19 只用促卵泡素(20～24) mg 分 8 次注射,排卵数(8.4±0.9)个,回收胚胎数(5.3±0.5)个。在超排过程中孕马血清促性腺激素的剂量要适当,过高过低都不好。同时一定剂量的激素,按不同方式给药会产生不同的超排效果。有人对绵羊用 16 mg 的促卵泡素每日 2 次,分 2 d 按稳定剂量(4-4-4-4 mg)注射后,排卵数为(6.5±3.6)个,而按递减剂量(6-5-

4-3 mg)注射，排卵数为(10.1±6.4)个。在使用此技术时，一般促卵泡素与促黄体素，孕马血清促性腺激素与人绒毛膜促性腺激素配合使用。日本福井丰用甲孕酮处理12 d后，应用促卵泡素18 mg分6次注射，在发情时一次注射前列腺素100 μg，8只羊得到55个黄体，其中高的11个，低的3个。有人用新疆羊28只，在羊发情的第11、12、13、14天分别注射促黄体素释放激素(LRH) 50 μg，每只平均黄体数20.6个。

诱导超数排卵个体差异较大，个体最高采集数高达50个，其中受精卵38个。超数排卵并不是排的越多越好，排卵过多受精会下降。成年羊超排的反应因品种、体重、年龄、产后间隔时间、营养水平、季节、所处发情周期的阶段而不同。促性腺激素的用量与超排效果有直接关系，而适宜的剂量受多种因素的影响。激素的混杂会引起母羊发情期生理的紊乱，排不出成熟的卵子，影响卵子的正常运行，使它们在适宜的时间不能到达受精部位而不能受精。

超排效果受许多因素影响，如品种、个体年龄和胎次、季节及超排处理的时期等。目前，尚难准确地控制母羊超排的卵子数目。另外，母羊的多羔性，不仅与排卵数有关，而且还与母羊子宫孕育胚胎的能力有关。因此，在实践中使用超排技术时，一定要选择适宜的方法，经预试效果较好时，再推广使用。

6.肉羊人工授受精技术

人工授精是用器械以人为的方法采取公羊的精液，经过品质检查和一系列处理，再通过器械将精液输入发情母羊生殖道内，达到母羊受胎的配种方式。人工授精的优越性早已在多种动物的繁育和品种改良的历史中得到证明，除了能缩短群体配种时间、便于实施选配方案、防止疾病传播等优点外，更重要的是能加快遗传改良速度和提高种质资源的利用率。对于优秀种羊资源来说，后者更具现实意义。应用精液冷冻保存技术，可使每只公羊配种的母羊数由自然支配状态下的30～50只增加到1万～1.5万只，是在目前条件下，能够突破区域限制、实施大规模山羊杂交改良计划的最有效手段。

肉羊人工授精的整个操作过程如下：

采精

采精前的调教：公羊采精前必须进行训练，才能顺利采精。采精前要备好采精架，选好台羊。台羊一般用发情母羊为好，而公羊作台羊效果较差，尤其同一圈养的公羊台羊更差，最好用母羊。因为母羊具有特殊的诱惑气味，能刺激公羊性欲冲动，达到爬跨采精要求。在假阴道准备就绪的基础上，将发情母羊置于保定架内，拴系好母羊，防止走动或羊身左右摇摆。然后把公羊牵到母羊处，使公羊嗅母羊阴户、尿液气味，提高公羊性欲。当公羊爬跨母羊时，采精员弯身右手持假阴道，用左手迅速将勃起阴茎调入假阴道内，待公羊靠近，身子向前耸动仰脸射完精时，随之将假阴道前端竖起放气，取出集精杯，送化验室测量采精量，进行精液品质检验。

训练种公羊采精时应注意：采精时不能多人围看，大声喧哗，要保持肃静，以免影响公羊爬跨；开始调教宜用发情母羊，勿用同圈或同舍公羊，否则引诱力低，形成公羊不伸阴茎，常用前肢扒公羊臀部或假爬；调教采精时间，宜选早晨进行。因为经过一夜休息，性欲旺盛，一见母羊就爬，易训练成功；台羊要保定好，臀部不能左右摆动，身体前伸后退，以免降低公羊性欲；调教公羊采精要耐心，不能急于求成，往往调教 2～3 次即可成功；加强种公羊饲养管理，保持中等膘情，具有旺盛的性欲。

采精方法：采精前需准备的器材和工具有外壳与内壳组装好的假阴道、集精瓶、40～42℃的温水、温度计、红细胞计数板、显微镜、稀释液和采精记录等。采精时，除采精员和助手外，其他人员应离开现场。助手应适当控制公羊的爬跨动作(图 4-2)，以使在公羊的性欲达到高潮时完成采精过程。采精的手法和假阴道的温度是影响采精效果的关键因素。假阴道内的温度以 39℃为宜。采精员应在熟悉每只公羊习性的基础上，注重在实践中不断总结经验，努力提高采精技术。

采精频率每周以 4～5 次为宜。

图 4-2 采精示意图

引自陈滨江《养羊生产实用综合技术》，2003

精液品质检查 常规的精液检查项目包括射精量、精子活力、精子密度及精子形态。精液品质检查在 18～25℃室温条件下进行。首先进行外观检查，正常精液为乳白色，呈云雾状，无味或略带腥味。用灭菌输精器抽取测量精液量，射精量一般为 1.0 mL，范围是 0.5～2.5 mL，山羊射精量比绵羊少。

用显微镜检查精子的活率和密度。精子活率的测定是检查在 37℃条件下的精液中直线前进运动的精子百分率。检查时以灭菌玻璃棒蘸取一滴精液，放在载玻片上加盖片，在 400～600 倍显微镜下观察。全部精子都作直线运动评为 1 级，90%的精子作直线前进运动为 0.9 级，以下依此类推。精子密度是指单位面积中的精子数。取一滴新鲜精液在显微镜下观察，根据视野内精子多少分为密、中、稀 3 级（图 4-3）。“密”是指在视野中精子的数量多，精

图 4-3 显微镜下视野观察精子密度状况

引自陈滨江《养羊生产实用综合技术》，2003

子之间的距离小于一个精子的长度；“中”是指精子之间的距离大约等于一个精子的长度；“稀”为精子之间的距离大于一个精子的长度。为了精确计算精子的密度，可用血球计数器在显微镜下进行测定和计算，每毫克精液中含精子 25 亿个以上者为密，20 亿～25 亿个为中，20 亿个以下为稀。

精液稀释　稀释精液可以增多精液量，扩大母羊受精数，还可供给精子营养，增强精子活力，有利于精液的保存、运输和输精。最简单的稀释液可用生理盐水或 2.9％的柠檬酸钠溶液。用于鲜精低温(4～6℃)保存的稀释液可用消过毒的新鲜牛奶或羊奶。也可用含有卵黄或奶类成分的其他糖类稀释液；用于制作冷冻精液的稀释液通常含有 2％～8％的甘油成分，甘油仍是目前应用最广的化学抗冻剂。稀释精液时要注意做到稀释液与精液的温度差异不要太大。鲜精保存的稀释比例为 1∶(15～20)，冻精的稀释比例一般不超过 1∶5，以保证每个输精剂量的有效精子不少于 0.5 亿～0.8 亿个。鲜精多倍稀释人工授精效果对比试验情况见表 4-1。

表 4-1　鲜精多倍稀释人工授精效果对比试验情况一览表

项目	平均情期受胎率			总受胎率		
	配种母羊数/只	受胎母羊数/只	受胎率/％	配种母羊数/只	受胎母羊数/只	受胎率/％
鲜精	309	223	72.17	235	223	94.89
30 倍稀释	635	432	68.03	480	432	90.00
40 倍稀释	183	117	63.90	150	117	78.00

精液保存　为扩大优秀种公羊的利用效率、利用时间、利用范围，需要有效地保存精液，延长精子的存活时间。为此必须降低精子的代谢，减少能量消耗。可采用降低温度、隔绝空气和稀释等措施，抑制精子的运动和呼吸，降低能量消耗。

常温保存：精液稀释后，保存在 20℃以下的室温环境中，在这种条件下，只能保存 1～2 d。

低温保存：在常温保存的基础上，进一步缓慢降低至0～5℃。在这个温度下，保存的有效时间为2～3 d。

输精

输精时间：如果用试情公羊判断母羊发情，当母羊站立不动并接受爬跨时，当即就可输精，然后间隔12 h再输精一次，在不能准确判断母羊发情状态的情况下，更应采用两次输精法，两次输精比一次输精大约可提高受胎率10%。

人工授精使用的精液有新鲜精液和冷冻精液两种。冷冻精液输精过程如下：

(1)输精前器材准备　必备的器材和物品有羊用输精器、开膣器、5 mL试管、长柄镊子、生理盐水、解冻液、酒精棉、温度计、水盆、抹布和配种记录本等。输精器和试管用清水洗净后，再用蒸馏水冲洗2次，使用前干烤或蒸汽灭菌；开膣器、镊子等洗净后干烤或临时用酒精灯火焰灭菌。

(2)精液解冻　取试管1只，加解冻液(2.9%柠檬酸钠溶液)0.5 mL，于39℃水浴中加温后投入冷冻精液颗粒1～2粒，轻轻摇动至完全融化。必要时也可不加解冻液解冻。

(3)输精　输精方式按母羊体位分为“站立”和“倒立”两种方法。倒立输精对于体型较大的母羊不适用，站立输精适用于每日配种母羊较多的羊场或体型较大的母羊。可选择一个合适的地方挖一个约1 m深的地坑，坑沿上设母羊保定架，输精员站在坑内，使视线与母羊的输精部位平齐。输精时将母羊保定在保定架上，先用清水(不宜加入任何洗涤剂或消毒剂)洗净外阴部并擦干，再用酒精棉从内到外做消毒处理。助手掀起羊尾，输精员用左手将开膣器轻轻插入阴道，并适度开张，通过调节深度和角度找到宫颈口。右手将吸入精液的输精器插入颈口内，同时注入精液，然后松开开膣器并输精器一起从阴道内抽出。

以上程序去掉精液解冻过程，即成为新鲜精液人工授精程序。

7.冷冻精液技术

家畜精液的冷冻保存是人工授精技术的一项重大革新，精液存在－196℃（液体氮）的超低温环境下，细胞的代谢活动几乎完全停止，因此可保存数十年或更长。目前冷冻精液常见的有颗粒和塑料细管两种，前者因制作简单、成本低廉而应用广泛，但贮存和周转过程中容易受到污染；后者制作成本较高，使用时需专用输精工具便于贮存和不易受到污染而成为冷冻精液发展的方向。

颗粒冷冻精液制作步骤如下：

（1）器材准备　制作冷冻精液应在具备人为条件的实验室内进行，所需器材见表4-2。

表4-2　精液冷冻实验室设备、器材一览表

设备、器材名称	规格	单位	数量	用途	说明
基础设备：					
电热干燥箱		台	1	器材烘干与消毒	
高压蒸汽消毒器		只	1	器材消毒	
生物显微镜	100～400倍	台	1	精液检查与评定	
显微镜保温箱		只	1	精液检查环境保温	自制
电冰箱		台	1	精液平衡和稀释液保存	
液氮罐	30 L	只	1	精液贮存	
液氮罐	10 L	只	1	液氮贮存和周转	
双蒸馏水器		台	1	蒸馏水制备	
玻璃下口瓶	5 L	只	1	蒸馏水贮备	
天平	感量1/1 000	台	1	试剂称量	
常规器材：					
烧杯	500 mL	只	2	稀释液配制	
容量瓶	500 mL	只	2	稀释液配制	
吸量管	20 mL	只	2	稀释液配制	计量甘油
量筒	100 mL	只	1	稀释液配制	计量卵黄
酒精灯		只	1	器材临时消毒	
脱脂纱布			若干	常规用途	

续表 4-2

设备、器材名称	规格	单位	数量	用途	说明
精液采集、检查、稀释器材：					
假阴道	羊用	套		精液采集	每只公羊一套
集精杯	羊用	只		精液采集	每只公羊一套
润滑剂		瓶	1	假阴道润滑	
温度计	0～100℃	只	1	假阴道测温	
热水瓶		只	1	假阴道测温	
注射器	2 mL	只		计量射精量	
注射器	20 mL	只	2	量取稀释液	
注射器针头	12#	盒	2		
红细胞计数板		套	2	精子密度检查	
移液器	200 μL	只	1	吸取精液样品	
移液器吸头	200 μL	只	200	吸取精液样品	一次性用品
载玻片、盖玻片		盒	2	精液质量检查	
精液冷冻及保存器材：					
冷冻盒(箱)		个	1	精液冷冻和分装	自制
氟塑板	17 mm×10 mm×3 mm	块	2	精液滴冻	自加工
长滴管		只	10	精液滴冻	
试管	10 mL	只	20	精液解冻	
纱布袋		个	若干	颗粒冷冻精液包装	
搪瓷盘(带盖)	中号	个	1	放置冷冻操作工具	
长柄镊子		把	2	冷冻操作工具	
记号笔		支	2	精液保存标记	

(2)稀释液成分及配制　用于精液冷冻的稀释液种类较多，但基础成分大同小异。用以下稀释液及其冷冻程序制作的颗粒精液，解冻后活力可达 0.5 级以上。

A 液：乳糖 5.0 g，葡萄糖 3.0 g，柠檬酸钠 15 g，Tris 0.024 g，甘油 6.0 mL，溶解后加双蒸水至 100 mL。

B 液：使用前取 A 液 80 mL 加新鲜卵黄 20 mL，再加青霉素、链霉素各 5 万 IU。

(3)稀释　稀释液须在采精前加温至接近采出的精液温度，精液经检查性状正常、活力达 0.7 级以上者方可用于冷冻保存。稀释倍数根据精子密度决定。精子密度为每毫升 25 亿～30 亿时一般可按 1：(3～5)稀释。稀释时用注射器吸取适量稀释液沿集精瓶壁缓慢注入（防止起泡)并混匀。

(4)降温和平衡　将稀释好的精液连同集精瓶加盖后直接放入 4℃冰箱内降温和平衡 1.5～2 h。

(5)氟塑板预冷　于平衡结束前 15 min 左右，取适量液氮倒入冷冻盒内，将氟塑板预冷至－120℃左右，为防止板面结霜，可在冷冻盒上加盖。

(6)滴冻　从冰箱内取出平衡好的精液，用经预冷与精液等温的长滴管将精液上下混匀，吸取精液在氟塑板上以每粒 0.1 mL 量快速滴冻，滴完后盖好盒盖保持 3 min，然后将氟塑板浸入液氯中。

(7)保存　冻后精液经抽样解冻检查，活力达到 0.5 级以上时才可用于保存和使用。将精液颗粒装入纱布袋中，做好标记放入液氮容器中保存。

细管冷冻精液制作原理与颗粒精液大致相同，一般须配置专用的生产设备，包括精液自动分装、封口和印字等系统。目前均为进口产品，价格昂贵，适用大批量生产。

8.肉羊胚胎移植技术

肉羊胚胎移植是指从一只母羊的输卵管或子宫内取出早期的胚胎(受精卵)移植到另一只母羊的输卵管或子宫内，让其“借腹怀胎”继续生长发育的过程就是胚胎移植，简称“胚移”。提供胚胎的个体称为“供体”，接受胚胎的个体称为“受体”。

胚胎移植意义　可以迅速扩大优良种公羊的后代，提高群体品质；有利于种羊优良性状的保存，将活畜保种改为胚胎保种，保存时间长；减少种公羊后裔测定所需的时间，缩短世代间隔；减少活体运输的费用及危险，有利于种畜交流。

肉羊胚胎移植基本原理　应用生殖激素如孕马血清促性腺激

素(PMSG)、垂体促卵泡素(FSH)等对良种母羊(供体)进行“超数排卵”处理。使卵巢在一个发情周期内能够排出比在自然状态下更多的成熟卵子,然后用良种公羊或精液对被处理母羊适时配种,并在适当的胚胎发育阶段,通过手术或非手术的方法,从母羊的输卵管或子宫内将胚胎取出,再以同样的方法移植到其他与供体性周期同步的受体母羊体内。这种以“借腹怀胎”的方式所生出的后代,其遗传物质完全来自于提供胚胎的双亲,生产性能不受受体羊品质的影响,因而可以选择质量较差母羊作受体;另一方面,供体羊提供的胚胎及可能产生的移植后代的数量,远大于自然状态下所生后代的数量,这对于加快种群的纯繁速度具有重要意义。胚胎移植原理见图 4-4。

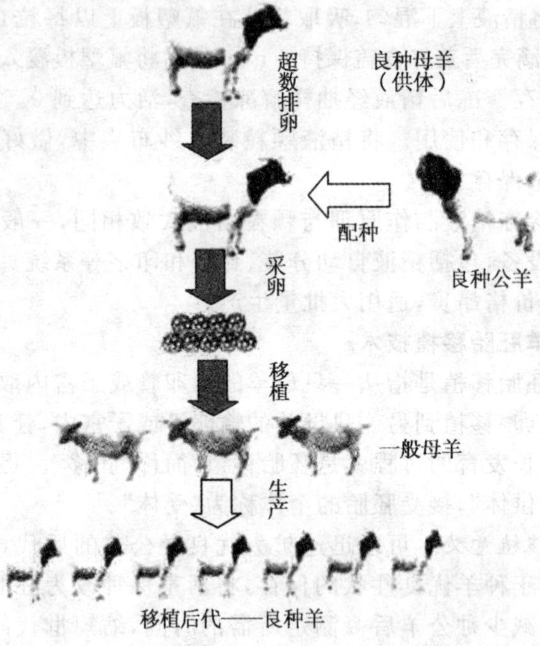

图 4-4 肉羊胚胎移植原理示意图

引自钟声《肉羊生产大全》,2003

肉羊胚胎移植的程序

(1)供体和受体的选择　供体母羊必须经过各方面鉴定,优良性状突出,种用价值高;经血液检查和检疫,证明确无疫病;对生殖道进行检查,应没有生殖道疾病,膘情适中,过肥过瘦都会降低受精率;对供体母羊要进行发情征状和发情规则的观察,无异常现象者方可作为供体;供体母羊应是成年羊。

受体羊应为健康、无生殖道疾病的成年经产母羊,且膘情较好。关键问题是所选的受体母羊的体格应与供体相似,以免发生难产。受体母羊的发情时间要与供体相近。对受体母羊要单独饲养。

(2)供体和受体的同期发情　方法前面已述。

供体母羊的超数排卵:方法前面已述。

供体母羊的发情鉴定与配种:见前面发情鉴定与人工授精技术。

(3)胚胎的收集　羊常用的胚胎收集方法为手术法。在手术法中有输卵管法和子宫法两种。

输卵管法　用 7 号针头带胶皮管作为冲卵管,将其一端由输卵管伞部的喇叭口插入 2～3 cm 深处,用钝圆的夹子固定,另一端接集卵皿。用 20 mL 或 30 mL 注射器,吸 37℃冲卵液 5～10 mL,在子宫角靠近输卵管的部位,将针头朝输卵管方向扎入,一只手在针头后方捏紧子宫角,另一只手推注射器,冲卵液由子宫与输卵管结合部流入输卵管,经输卵管流入集卵皿,见图 4-5。

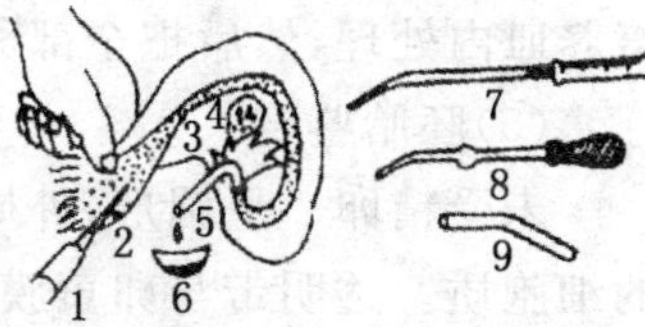

1. 卵器注入处　2. 子宫角近卵管端
3. 输卵管　4. 卵巢　5. 冲卵管
6. 集卵皿　7、8. 移卵管
9. 冲卵管

图 4-5　输卵管中冲卵部位与胚胎移植操作器械

引自陈滨江《养羊生产实用综合技术》,2003

子宫法　将子宫于体外，用肠钳夹住子宫角分叉处，用注射器吸入预热的冲卵液 20～30 mL，冲卵针从子宫角尖端插入，确认管腔内畅通时，再将橡胶管与注射器接连，将冲卵液推入子宫内，子宫臌胀时将回收管从肠钳夹基部的上方迅速扎入，冲卵液经回收管收集于集卵杯中，最后用拇指和食指将子宫角捋一遍。另一侧子宫角冲卵方法相同。

采卵后用生理盐水冲去凝血块，涂少量灭菌液体石蜡，将器官复位，缝合消毒，肌内注射青霉素 80 万 IU，链霉素 100 万 IU。

(4)检胚　先将集卵杯倾斜，轻轻倒去上清液，留 10 mL 冲卵液，再用杜氏磷酸盐缓冲液(PBS)冲洗集卵杯，倒入表面皿镜检。随后准备 3～4 个培养皿，依次编号，倒入10%或20%羊血清 OBS 保存液，将培养皿放入培养箱待用。准备 300～400 mm 玻璃细管和玻璃棒，消毒备用。

用 10 倍体视显微镜找到受精卵，先用玻璃棒消除卵周围的黏液，将胚胎吸至第一培养皿内，用吸管先吸少量杜氏磷酸盐缓冲液(PBS)后再吸卵，并在不同部位冲洗 3～5 遍，用同样方法在第二培养皿内处理，然后把全部卵移至另一培养皿内。

(5)胚胎鉴定

未受精卵　呈圆形，外周有一圈折光性强的透明带，中央为暗的细胞质。透明带与卵黄膜之间的空隙很小。

受精卵　依据第二极体的出现和卵周隙的扩大进行判断。发育正常的胚胎透明发亮，卵周隙明显，分裂球大小均匀，非正常胚胎透明带和胚胎变形，有时透明带不明显，胚胎发暗，卵裂球细胞萎缩。

胚胎发育　第 2～3 天胚胎处于 2～8 细胞期，可看到卵裂球，卵黄腔间空隙较大；第 5～6 天为桑葚胚，只能看到球状的细胞团，分不清卵裂球，细胞团占据卵黄腔的大部分；第 6～7 天细胞团变小；第 7～8 天胚胎为囊胚，最初细胞团的一部分出现发亮的胚胎腔，当细胞团充满卵黄腔时，内细胞团和滋养层界限明显，胚胎腔清晰可见；第8～9天囊腔扩大至原来的1.2～1.5倍，透明带变薄，相当于正常厚度的1/3；第9～11天胚腔继续扩张，透明带破裂，受精卵脱出。我国将胚胎分为A、B、C 3级。A级为优质胚，作冷冻保存用；B级为普通胚，宜作移植用；C级为不良胚，不能利用。

(6)胚胎的冷冻保存

10%甘油保存液的配制　取9 mL含20%羊血清的杜氏磷酸缓冲液(PBS)，加入1 mL甘油，用吸管反复混合经0.22 μm滤器过滤到灭菌容器内待用。

取含20%羊血清0.3摩尔蔗糖的杜氏磷酸盐缓冲液(PBS) 2 mL和3.5 mL，分别加入10%甘油3 mL和1.5 mL，配成含6%和3%甘油的蔗糖冷冻液，将3%、6%和10% 3种甘油浓度的冷冻液分别装入3个烧杯。

胚胎分别在3%、6%和10%甘油的冷冻中浸5 min。

胚胎装管　用0.25 mL塑料细管按以下顺序吸入，少量的10%甘油的杜氏磷酸盐缓冲液(PBS)液、气泡、10%甘油的杜氏磷酸盐缓冲液PBS(含有胚胎)、气泡、少量的10%甘油的杜氏磷酸盐缓冲液(PBS)，加热封口两道。

塑料细管的编号　剪一段(2 cm)0.5 mL塑料细管作为标记外套；内装色纸，注明供体品种、耳号、胚胎发育阶段及等级、制作日期(年、月、日)，并在外套管上写明序号备查。

冷冻程序　将细管直接浸入冷冻仪的酒精浴槽内，以0.1℃/min的速度从室温降至－6℃，停5 min后植冰，再停留10 min，以0.3℃/min的速度降至－36℃，再以0.1℃/min的速度降至－38℃，直接投入液氮，长期保存。

(7)冷冻胚胎的解冻

解冻液的配制　根据上文所述配制出10%、6%和3%甘油的蔗糖解冻液，用 0.22 μm 滤器过滤灭菌，分装在小培养皿内，第 1～4 杯分别为 10%、6%、3%、0%甘油的蔗糖解冻液，第 5 杯为杜氏磷酸盐缓冲液（PBS）保存液。

胚胎的解冻　胚胎从液氮中取出，在 3 s 内投入 38℃水浴，浸 10 s。用 70℃酒精棉球擦拭塑料细管和剪刀刃，剪去棉塞端，与带有空气的 1 mL 注射器连接。再剪去细管的另一端，在室温下将胚胎推入 10%甘油和 0.3 mol 蔗糖的杜氏磷酸盐缓冲液（PBS）解冻液中。放置 5 min 后依次移入 6%、3%和 0%甘油的蔗糖杜氏磷酸盐缓冲液（PBS）解冻液中，各停留 5 min，最后移至杜氏磷酸盐缓冲液（PBS）保存液中镜检待用。受体羊与供体羊发情同期差控制在±24 h。

（8）胚胎移植

移植液配制　一种是 0.03 g 牛血清白蛋白溶于 10 mL 杜氏磷酸盐缓冲液（PBS）；另一种是 1 mL 血清加 9 mL 杜氏磷酸盐缓冲液（PBS）。以上两种移植液均含青霉素（100 IU/ mL）、链霉素（100 IU/ mL）。配好后用 0.22 μm 滤器过滤，置 38℃培养箱待用。

受体羊准备　受体羊术前需空腹 12～24 h，仰卧或倒卧于手术保定架上，肌内注射 0.3～0.5 mL 2%静松灵。手术部位及手术要求与供体羊相同。

手术法移胚　对受体羊可用简易手术法移植胚胎。术部消毒后，拉紧皮肤，在后肢内侧鼠蹊部做 1.5～2 cm 切口，用一个手指伸进腹腔，摸到子宫角引导至切口处，确认排卵侧黄体发育状况。用钝形针头在黄体侧子宫角扎孔，将移植管顺子宫角方向插入宫腔，推出胚胎，随即子宫复位。子宫复位后即将腹壁切口覆盖，皮肤切口用碘酒、酒精消毒，一般不需缝合。若切口增大或覆盖不严密，应进行缝合。受体羊术后在小圈内观察 1～2 d。圈舍应干燥、清洁，防止感染。

移植胚胎注意要点 观察受体卵巢，胚胎移至黄体侧子宫角，无黄体不移植。一般移2枚胚胎。在子宫角扎孔时应避开血管，防止出血。不可用力牵拉卵巢，不能触摸黄体。胚胎发育阶段与移植部位相符。对受体黄体发育按突出卵巢的直径分为优、中、差。优为0.6～1 cm，中为0.5 cm，差为小于0.5 cm。

受体羊饲养管理 受体羊术后1～2情期内要注意观察返情情况，若返情则应进行配种或移植。对没有返情的羊应加强饲养管理，妊娠前期应满足母羊对热量的摄取，防止胚胎因营养不良而引起早期死亡。在妊娠后期应保证母羊营养的全面需要，尤其是对蛋白质的需要，以满足胎儿的充分发育。

肉羊胚胎移植应用及效果评价 描述胚胎移植技术应用水平的重要指标有两个：一是经超数排卵处理的母羊平均获得可用于移植的胚胎数量，目前较好的水平为10～15个；二是移植后受体羊的受胎率。目前手术法鲜胚移植的受胎率可达60%～80%，冷冻胚胎和非手术移植的受胎率要低些，一般为50%～60%。尽管胚胎移植技术是加快良种羊纯繁速度的有效手段，但必须充分考虑到利益和风险同时并存，在进行应用决策时要充分注意以下几点：

首先，胚胎移植是一项技术性强、操作环节多、影响因素复杂的系统工程，需要较高的设备、药械、动物和人员素质条件。其中人员的理论、技术水平和操作经验至关重要。任何一个环节上的条件不到位，都会影响应用效果，甚至前功尽弃。

其次，如果仅仅是以提高生产效益为目的，就必须仔细核算应用成本。与自然繁殖状态相比，胚胎移植后代的成本要大得多。如果胚胎移植所获得的羔羊数量等于自然繁殖数量，就失去了应用这项技术的意义。只有大大超过自然繁殖水平，才能获得预期的生产效益。各项费用见表4-3。

表 4-3 繁殖成本对照表

后代来源	母羊饲养管理费	供体羊饲养管理费	种公羊饲养管理费	受体羊饲养管理费	技术服务费	药械购置费
自然繁殖	有	无	有	无	无	无
胚胎移植	无	有	有	有	有	有

胚胎移植的另一个风险是可能对供体羊生殖机能的损害，损害程度和发生的概率取决于操作人员的技术水平，特别是在手术法采集胚胎过程中可能造成的卵巢、输卵管等器官粘连，严重时可能造成供体羊生殖机能彻底丧失。因此，在供体数量较少、品种价值较高的情况下，要谨慎考虑。不要仅凭技术理论指标就作应用决策，更不要轻信故意夸大应用效果的商业宣传。在依靠有偿技术服务应用该技术时，应以实际获得移植后代的数量为指标，与技术提供方签订详尽的服务协议，并注明风险损失承担内容。

9.分娩与助产

肉羊预产期推算　配种后，精子、卵子在母羊输卵管上 1/3 处结合为受精卵，受精卵进行细胞分裂，发育成胚胎，至桑葚胚(3～4 d)进入子宫附植定居下来，胚胎继续发育直至分娩，这一期间叫妊娠期。绵、山羊的妊娠期因品种、胎次、多胎性、营养状况等不同而略有差异。平均为 150 d(146～157 d)。母羊妊娠后，为做好分娩前的准备工作，应推算产羔期，即预产期。通常用公式法推算，就是用配种月份加 5，配种日期数减 20。如某羊 1995 年 3 月 23 日配种，预产期为 3＋5＝8(月)，23－2＝21(日)，那么，这只羊的预产期是 1995 年 8 月 21 日；如果配种月份加 5 超过 12 个月，将年份推迟 1 年，即把该年月份减去 12 个月，余数就是来年预产月。如一只羊 1995 年 10 月 6 日配种，预产期为(10＋5)－12＝3(月)，6－2＝4(日)，这只母羊的分娩预产期是 1996 年 3 月 4 日。

分娩预兆　母羊分娩前，在生理、形态、行为上发生一系列变化称为分娩预兆，以此可大致推测分娩时间，做好接产准备。一般母羊在临产表现有以下几个方面：

乳房变化　临产前，母羊乳房肿大，乳头直立，可从乳头挤出少量清亮的胶状液体和少量初乳。但是，乳房变化受营养状况影响很大，营养不良的母羊，乳房变化不明显。

软产道变化　临产母羊阴门肿胀、潮红、柔软红润，有时流出浓稠黏液。

骨盆韧带变化　骨盆部韧带变松软，肷窝下陷，特别是临产前 2～3 h 表现最明显。

行为变化　食欲不振，行动困难，排尿次数增多，起卧不安，不时回顾腹部，喜离群或卧墙角，有时前蹄刨地，卧地时两后肢向后伸直，不停地回头望腹，鸣叫。此时就要准备接生(图 4-6)。

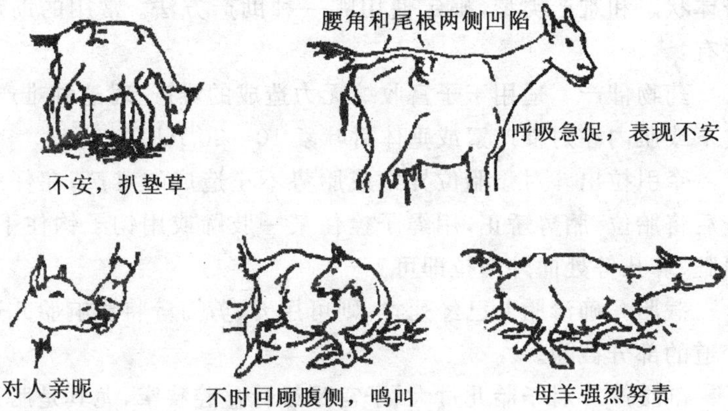

图 4-6　产羔的征兆

引自钟声《肉羊生产大全》，2003

正常分娩的接产　一般经产母羊产羔很快，不必助产。初产或胎儿过大的母羊，发现羔羊嘴部露出阴门后，接羔者双手用力挤捏母羊尾根和阴门的联合部，很快把头挤出，用手拉住羔羊两前肢顺式向后下方轻拉，即可产出羔羊。产出羔羊后，让母羊把羔羊舔干。对于不舔羔羊的，在羔羊身上撒些麸皮。脐带一般会自行拉断，接羔者要把脐带内的血液挤净，涂上碘酒消毒；有的羔羊呈假死现象，可进行人工呼吸，两手分别握住羔羊的前肢和后肢，慢慢活动胸部，或在鼻腔内进行人工吹气，羔羊很快就会正常呼吸了。

难产的助产　分娩时，产程超过 4 h 尚未见娩出第一个胎儿，则应迅速进行人工助产，山羊的胎儿产出时间为 30 min 到 4 h，双胎间隔 5～15 min。发生难产的原因主要是胎位不正、胎儿过大、子宫收缩无力、子宫颈或骨盆腔狭窄等。助产时，首先将母羊保定好，然后用消毒药将助产人员手臂、母羊的外阴周围以及助产的钩子、绳子等彻底消毒；再将手伸入产道进行检查，确诊到底属于哪类型的难产，是胎儿过大、胎位不正还是产道狭窄最后根据母羊的身体状态和难产类型，确定使用哪一种助产方法。常用的助产方法有：

药物催产　适用于子宫收缩无力造成的难产，对这种难产，可皮下或肌内注射催产素或垂体后叶素 10～20 IU。

牵引拉出　对于胎位异常或胎势不正造成的难产，在仔细检查后将胎位、胎势矫正，用绳子拴住某一肢蹄或用钩子钩住下颌、眼眶、鼻孔等处向外牵拉即可。

截胎　确诊胎儿已经死亡，则可用刀、剪刀等将影响胎儿通过产道的部分截除。

剖腹产　对于胎儿过大、子宫颈或骨盆腔狭窄，尤其是胎儿尚活着的时候，应及时实施剖腹产手术，争取使母子存活。主要是拉出胎羔。助产者应剪短、磨光指甲，洗净手臂并消毒、涂抹润滑剂、先将母羊阴门撑大，把胎儿的两前肢拉出来再送进去，反复 3～4 次接着一手拉前肢，一手扶头，配合母羊的努责，慢慢向后下方拉出，应注意不要用力过猛；另外，也可用两手指伸入母羊肛门内，隔着直肠壁顶住胎儿的后头部，在子宫的阵缩下拉出。但不应伤及产道。

由于胎势不正引(图 4-7)起的,如头出前肢不出,四肢先出等,在弄清属于哪种不正常胎势的情况下,用手把不正常胎势轻轻变为正常胎势(图 4-8),让母羊自然产下胎儿。

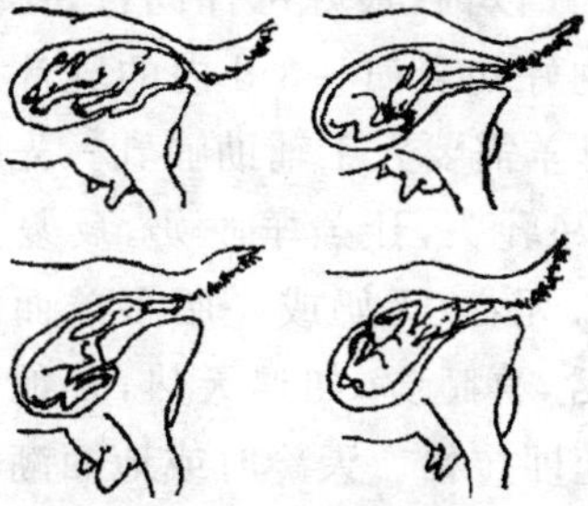

图 4-7　异常分娩的胎位

引自钟声《肉羊生产大全》,2003

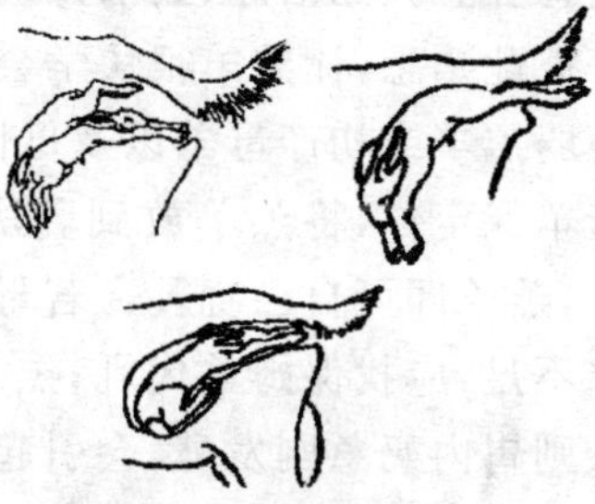

图 4-8　正常分娩的胎位

引自钟声《肉羊生产大全》,2003

产后母羊和新生羔羊的护理　分娩对母羊的体力消耗很大,失去的水分很多,机体的抵抗力下降,因此,产后母羊应加以妥善护理;要让产后母羊很好休息,饮少量温水,一般 1～1.5 L。饲喂一些麸皮和青干草。对膘情好的,产后 3～5 d 不喂精料,以防消化不良或发生乳房炎。及时拿走肠衣,防止母羊吞食。产后母羊还应注意保暖,防止贼风,防感冒。在母羊哺乳期间,要勤换垫草,保持羊舍(体)清洁、干燥。

乳羔羊出生由母体直接进入外界环境,生活环境突然间发生了改变。为了使其逐步适应外界环境。也需做好护理工作。羔羊产出后,应迅速把口、鼻、耳内的黏液掏出、擦净,以免因呼吸困难或吞咽羊水而引起窒息或造成异物性肺炎;羔羊身上的黏液最好让母羊舔净,以便于母仔相认。若母羊恋羔性差,可将羔羊身上的黏液涂在母羊的嘴上,引诱它舔净羔羊身上的黏液。如果母羊不舔或天气寒冷时,可用柔软干草迅速把羔羊擦干,以免受凉。羔羊生后一般都自己扯断挤带。有的脐带不断,接羔人员可用手把脐带内的血向羔羊脐部挤几下，然后在离羔羊肚皮3～4 cm处剪断，并用碘酒消毒。

对羔羊的日常护理要做到三防（防冻、防饿、防潮），四勤（勤检查、勤配奶、勤治疗、勤消毒）。7～10 d以内，最好母仔同栏，让母仔彼此熟悉，让羔羊很快学会吃奶，吃好初乳（1～3 d内的乳汁），瘦弱羔羊或初产母羊以及母性差的母羊需要人工辅助哺乳。先把母羊保定住，将羔羊放到乳房前，找好乳头，让羔羊吃奶，反复几次，羔羊即可自己吮乳。若母羊有病、死亡、无奶或一胎多羔而奶水不足，应找保姆羊代乳；羔羊吃饱后，喜睡觉，如遇天热，卧地太久则胃内奶急剧发酵，会引起腹胀，随即拉稀。天冷时或地面潮湿则因冻、潮而引起感冒、肺炎或拉稀等疾病。因此，要保持产羔室地面干燥，室温适中，且不能让羔羊多睡觉。同时要防止羔羊被压伤、压死。另外，要对产羔羊舍经常消毒，保持舍内卫生；对病、弱、缺奶的羔羊要特殊护理，让其吃饱奶。对病羔要及时发现病情，对症及时治疗。为防止母仔混淆，不易便认，管理混乱，可在母仔同一侧（单羔左侧、双羔右侧）编上相同的临时号。

假死羔羊的急救　假死是指刚产出的羔羊由于窒息而呈呼吸困难或无呼吸而仅有心跳，如不及时抢救，往往造成死亡。抢救时，首先用干布擦净羔羊的鼻孔及口腔内的羊水；为了诱发呼吸反射，可用草秆刺激鼻腔黏膜，或用浸有氨水的棉花放在鼻孔上，若仍不见效，可将其倒提起来抖动，并有节律地轻压胸腹部以诱发呼吸，同时使呼吸道内的液体流出。

三、提高肉羊繁殖力的措施

肉羊繁殖力受多因素的影响，如品种、自然生态条件、饲养管理方式、技术水平等。在实际生产中，通过创造适宜的生产条件，配套一定的技术措施，可保证肉羊繁殖潜力得以充分发挥。而肉羊繁殖效率的高低又是肉羊生产的重要措施，因此必须充分重视。

关于提高肉羊繁殖力的途径和措施，可概括为以下几个方面：

1.加强种羊选择或引进多胎品种进行杂交

无论是绵羊还是山羊，其繁殖力受遗传本身的影响很大。不同品种间繁殖性能的差异是显而易见的。如小尾寒羊的产羔率高达265%～287%，而乌珠穆沁羊仅有100.2%；陕南白山羊的产羔率高达259%，而中卫山羊仅为103%，同一品种的个体之间这种差异也表现非常明显。选择种羊要注意从繁殖力高的母羊所产的羔羊中选留公羔，悉心培育成种公羊。对于母羊的选择，要从泌乳性能好、母性强、多胎的母羊后代中选留优秀个体，以期获得多胎性强的母羊。还可通过引进多胎品种与地方品种杂交，以求提高母羊的繁殖力，如利用多胎、早熟品种小尾寒羊、湖羊作父本，与当地绵羊杂交，可以增加产羔数。

2.增加羊群适繁母羊比例

在羊群结构中，适繁母羊的比例大小，对羊群的增殖和效益有很大影响。一般适繁母羊比例在羊群中应达60%～70%以上。实践中推行当年羊羔肥育出栏，及时淘汰老、弱、病、残母羊以增加适繁母羊比例。

3.缩短产羔间隔

合理安排母羊配种时间，缩短产羔间隔，使母羊的产羔频率增加，如一年两产或两年三产等。

一年两产体系　一年两产体系可使母羊的年繁殖率提高90%～100%，在不增加羊圈设施投资的前提下，母羊生产力提高1倍，生产效益提高40%～50%以上。一年两产体系的核心技术是母羊发情调控、羔羊超早期断奶、早期妊娠检查。按照一年两产生产的要求，制订周密的生产计划，将饲养、兽医保健、管理等融为一体，最终达到预定生产目标。从已有的经验分析，该生产体系技术密集，难度大，只要按照标准程序执行，一年两产的目标可以达到。一年两产的第一产宜选在12月，第二产选在7月。

两年三产体系　两年三产是国外20世纪50年代后期提出的一种生产体系，沿用至今。要达到两年三产，母羊必须8个月产羔一次。该生产体系一般有固定的配种和产羔计划：如5月配种，10月产羔；1月配种，6月产羔；9月配种，2月产羔。羔羊一般是2月龄断奶，母羊断奶后1个月配种。为了达到全年的均衡产羔，在生产中，将羊群分成8个月产羔间隔相互错开的4个组，每2个月安排1次生产。这样每隔2个月就有一批羔羊屠宰上市。如果母羊在第一组内妊娠失效，2个月后可参加下一个组配种。用该体重组织生产，生产效率比一年一产体系增加40%。该体系的核心技术是母羊的多胎处理、发情调控和羔羊早期断奶，强化育肥。

三年四产体系　三年四产体系是按产羔间隔9个月设计的，由美国BELTSVILLE试验站首先提出的。这种体系适宜于多胎品种的母羊，一般首次在母羊产后第三个月配种，以后几轮则是在第四个月配种，即1月、4月、6月和10月产羔，5月、8月、11月和翌年2月配种。这样，全群母羊的产羔间隔为6个月、9个月。

三年五产体系　三年五产体系又称为星式产羔体系，是一种全年产羔的方案，由美国康乃尔(CORNELL)大学伯拉・玛古(Brain Magee)设计提出。母羊妊娠期的50%是73 d，正好是一年的1/5。羊群可被分为3组。开始时，第一组母羊在第一期产羔，第二期配种，第四期产羔，第五期再配种；第二组母羊在第二期产羔，第三期配种，第五期产羔，第一期再次配种；第三组母羊在第三期产羔，第四期配种，第一期产羔，第二期再次配种。如此周而复始，产羔间隔7.2个，对于一胎一羔的母羊，一年可获1.67个羔羊，若一胎产双羔，一年可获3.34个羔羊。

4.改善种用公、母羊的饲养水平

营养条件对绵、山羊的繁殖力影响极大。良好的饲养水平可以提高种公羊的性欲，改善精液品质，促进母羊的发情和增加发情时的排卵数。因此，加强对公、母羊的饲养是保证其繁殖机能正常的重要物质基础。实践中,应特别重视配种前1个半月和配种期种用公、母羊的饲养,做到满膘配种。从而促进母羊发情整齐,排卵数增加,受胎率提高,公羊射精量大.精液品质好,性欲强。同时抓好母羊妊娠后期和哺乳期的饲养管理,提高羔羊的成活率,改善恢复母羊体况,迎接下一个繁殖周期。

5.适时配种,防止母羊空怀

一般而言,绵山羊的发情多集中在夏末至冬初的短日照月份,对四季发情品种而言,理论上讲,可在一年任何时间发情、配种、产羔。但是,由于夏季高温、冬季严寒的影响,多数个体则于春季和秋季发情。因此,做好发情鉴定工作,及时适时地配种,缩短母羊的产羔间隔,减少空怀是提高羊群繁殖力、增加养羊效益的有力保证。在实践中,应抓好第一情期的配种,因为一个情期配不上则要延迟至少半个月。另外,要进行母羊的妊娠早期诊断,防止失配空怀,对已确认妊娠的母羊应做好管理,加强保胎,防止流产。

6.加强防疫,及时治疗不育症

对于先天性不育(如间性羊等)和衰老性不育个体应通过个体选择及时淘汰。对于营养性不育,则应通过改善饲养管理加以克服。对于传染疾病(如布氏杆菌病等)引起的不育,应加强防疫,及时隔离,淘汰患病个体。而对于一般性疾病引起的不育则应及早诊治,尽快恢复其正常繁殖机能。同时,在生产中要克服由于人为因素和利用方式不当而造成的不育情况,如公羊过度采精等。总之,造成公、母羊生殖机能异常或受到破坏而失去生殖能力的因素很多,在实际生产中应针对具体情况加以预防和克服。

7.合理应用繁殖新技术

通过近几十年的努力,一些繁殖控制技术在养羊生产中已进入实用阶段,如同期发情、超数排卵、人工诱产双羔等技术,在提高公羊、母羊的繁殖能力方面发挥了重要作用,带来了显著的经济效益,甚至使肉羊的专业化、集约化生产水平大幅度提高,但是,针对我国养羊业实际，羊群的实际繁殖效率较低，其主要原因是营养条件较差，管理水平较低，致使品种的繁殖性能不能充分发挥出来。因而，提高我国绵、山羊的繁殖效率，应从改善营养条件和提高管理水平入手，在此基础上，合理应用繁殖新技术。

当年母羔诱导发情　当年母羊体重达到成年母羊体重60%～65%以上，出生7月龄以上时，采用生殖激素处理，可以使母羊成功繁殖。根据幼龄母羊生殖器官解剖的特点，诱导发情的处理方案可采用阴道埋植海绵栓和口服孕酮＋PMSG（详见同期发情技术原理与技术规程）。特别要说明的是，PMSG的剂量应严格控制在400 mL以下，防止产双羔。

诱发产多羔技术　诱发产多羔技术诱发产多羔是指人为地改善母羊的生殖生理环境，促使母羊每窝产双羔或双羔以上的技术。

目前，一般以人工合成的外源性类固醇激素做抗原，刺激母羊体内产生生殖激素抗体，通过部分或全部中和外周血液中相应的内源类固醇，增强垂体前叶促卵泡素和促黄体生成素的分泌，加速滤泡的发育与成熟，从而提高母羊的排卵率。生产中使用的，主要有澳大利亚生产的双羔素和国产的双羔苗两种。双羔素的使用方法是在母羊配种前4～7周颈部皮下注射一次，也可以在配种前2～3 d再注射一次，每只每次2 mL，双羔苗水剂可在母羊配种前2～5周颈部皮下注射，每只每次1 mL，油剂可在母羊配种前2周，臀部肌内注射一次，每只每次2 mL。如新疆农垦使用双羔素免疫注射中国美利奴杂种羊9 496只，其结果母羊产羔率比对照组提高21.1%；用双羔苗水剂提高29.44%～31.1%。

发情调控激素方案的优选及配套技术　依据母羊生殖生理的特点，选择实施有效的发情调控技术十分重要。从理论和实践角度看，孕激素-PMSG法应当做首选方案。孕激素最好选用：繁殖季节采用甲孕酮海绵栓（MAP），非繁殖季节采用氟孕酮（FGA），剂型以阴道海绵装置为最好。对不适宜埋栓的母羊，也可采用口服孕酮的方法。

PMSG 的注射时间,应在撤栓前 1～2 d 进行,这样才能消除因突然撤栓造成的雌激素高峰而引起排卵障碍。这种处理方案符合安全、可靠的要求。第一个情期不受胎,还会正常出现第二、三个情期,不至对母羊的最终受胎造成影响。

前列腺素处理法对非繁殖季节的母羊效果较差,可与 PMSG 配合处理,以提高受胎率。这种技术方案不会对母羊下一个情期造成负面影响。

肌内注射三合激素、己酸孕酮或黄体酮等,虽然操作简便,但效果不确实,特别是极易造成处理后母羊很快发情,但不排卵;或第一个情期发情配种后不论受胎与否,均有再表现发情,最终造成相当比例的母羊空胎。从理论上分析,选用一次性注射的孕酮+雌激素的制剂,真正能引起母羊发情的是雌激素,而单纯由雌激素引起的发情大多不伴有排卵,而且还会对母羊的内分泌造成较长时间的负反馈。目前,不少养羊生产者看到一次性注射避孕针或三合激素等廉价、方便,便作为一种技术在生产中应用,结果造成了不应有的损失,最终反而认定任何发情调控技术都不可靠。市销的这类激素产品,并不是为母羊设计的,也不针对提高母羊繁殖率,而是用于人类避孕的药物,其特点是干扰受精环境,而不影响内分泌平衡。

在进行发情调控,特别是对非繁殖母羊实施诱导发情时,必须坚持 3 个情期的正常配种。非繁殖季节母羊的诱导发情在技术上有较大的难度,主要是受母羊产后生殖生理的限制,母羊此时卵巢的活性很低。处理的重点应当时以较大剂量刺激母羊卵巢,经过一定时间的刺激,突然撤除孕酮,配合促性腺激素,可能使大多数母羊出现发情并排卵,即使第一情期未妊娠,在随后出现的第二、三个情期,也会受胎。所以,必须坚持处理后 3 个情期的正常配种。

非繁殖季节诱导发情处理母羊的同时，必须同时重视公羊的生殖保健处理。非繁殖季节，母羊卵巢处于相对静止状况，而此时的公羊也同样处于睾丸活动的相对静止，若不对公羊生殖保健的技术，在处理母羊的同时对公羊也采取相应的处理，保证了公羊的配种能力，因而受胎率也较高。

发情调控处理的母羊，必须有较好的体况和膘情，否则就会影响到处理母羊的受胎率。

非繁殖季节或繁殖季节对母羊实施发情调控，必须有 40 d 以上的断奶间隔，哺乳会导致母羊垂体前叶促乳素分泌量增高，同时引起下丘脑“内鸦片”的分泌量增高，这两者的作用使 LH 的分泌量和频率不足。

在进行发情调控处理时，还应特别选用配套技术。配套技术包括配套的药物、统一的程序、优化人工授精技术、首次配种时间、母羊发情状况的确定、早期妊娠诊断、复配管理等。只有采用配套技术，才能保证处理效果，使该项技术发挥最多效力，为高效生产奠定基础。

本章重点提示

1. 羊群的繁殖性能和羔羊成活率是高效肉羊生产的前提和基础，在肉羊生产中必须重视选育选配、饲养管理及疾病防治等，以保证羊只的正常繁殖率。

2. 针对我国养羊业实际，羊群的实际繁殖效率较低，其主要原因是营养条件较差，管理水平较低，致使品种的繁殖性能不能充分发挥出来。因而，提高我国绵、山羊的繁殖效率，应从改善营养条件和提高管理水平入手，在此基础上，合理应用繁殖新技术。

第五章　肉羊防疫制度化

本章知识新亮点："防重于治"，倡导肉羊健康养殖，做好疫病防制工作

自古以来养羊是以放牧形式为主，舍饲后饲养密度大幅度提高，一些散发病可能出现群发的势头，一些非常见病可能集中发作。因此，摸清肉羊舍饲后的发病规律，对一些可能发生的疾病做好防治工作是做好舍饲肉羊工作成败的关键。肉羊养殖中应做到"养重于防，防重于治"，建立一个高标准的饲养管理体系，制定一套严格的检疫和消毒制度、一套合理的免疫程序及驱虫计划，让羊群生活在一个良好适宜的环境中，依靠机体综合免疫力的提高来抵抗疫病的侵扰，保障羊群健康和生产的正常运行。

一、肉羊常见病的预防措施

1. 加强饲养管理，增进羊体健康

肉羊舍饲后饲养密度提高，运动量减少，人工饲养管理程度提高。一些疾病会相对增多，如消化道疾病、呼吸道疾病、泌尿系统疾病、中毒病如霉菌毒素中毒等，眼结膜炎、口疮、关节炎、乳房炎等相对多发。事实上，85%以上的羊病都涉及营养，羊群的生产水平越高，对营养、卫生和管理的要求也越高。因此，科学喂养，精心管理，增强羊的抗病能力是预防羊病发生的重要措施。饲料种类力求多样化并合理搭配与调制，使其营养丰富全面；其次重视饲料和饮水卫生，不喂发霉变质、冰冻及被农药污染的草料，不饮污水；保持羊舍清洁、干燥，注意防寒保暖及防暑降温工作。

2.建立健全卫生防疫制度

圈舍应建在地势较高、干燥、便于排水、向阳、便于清扫的地方。搞好圈舍消毒及粪便处理。定期对羊舍、用具和运动场等进行预防消毒，是消灭外界环境中的病原体、切断传染途径、防治疫病的必要措施。注意将粪便及时清扫、堆积、密封发酵，杀灭粪便中的病原菌和寄生虫或虫卵。消毒剂可选用3%来苏儿、20%石灰乳、1%～2%草木灰、0.5%～2%漂白粉等常用消毒品。一般每年春秋两季对羊舍、用具及运动场各彻底消毒一次。当某种疫病发生时，为杀灭病原体需进行突击性消毒，如用火焰喷灯或火碱扑灭性消毒。

门前应设消毒池，每年进行2次圈舍消毒，有疫情时随时彻底消毒。怀疑感染传染病的羊进行隔离，请专业人员确诊后，隔离治疗或进行处理，并彻底消毒病羊污染过的环境、用具。

3.严格执行检疫制度

有条件的羊场应坚持“自繁自养”的原则，以减少疫病的传入。必须引入羊只时，只能从非疫区购买，及时了解疫情并做好检疫工作。新购入的羊只需进行隔离饲养，观察1个月，确认健康后方可混群饲养。

4.做好羊的免疫接种

根据本地区常发传染病的种类和目前疫病流行情况，制定切实可行的免疫程序，按照免疫程序进行预防接种，使羊只从出生到淘汰都可获得特异性抵抗力，降低对疫病的易感性。

使用疫苗时的注意事项：首先，应注意疫苗是否针对本地的疫病类型，要注意同类疫苗间型的差异。其次，疫苗稀释后一定要摇匀，并注意剂量的准确性。第三，使用前要注意疫苗是否在有效期内。第四，在运输和保存疫苗过程中要低温。第五，按照说明书采用正确方法免疫，如喷雾、口服、肌内注射等，必须按照要求进行，并且不能遗漏。第六，在使用弱毒活菌苗时，不能同时使用抗生素。只有完全按照要求操作，才能使疫苗接种安全有效。

5.定期做好驱虫工作

每年根据当地寄生虫病的流行情况，应在春、秋两季选用光谱驱虫药各驱虫一次。驱虫后 2～3 d，要安置羊群在指定羊舍和牧地放牧。防止寄生虫及其虫卵污染干净牧地。3～4 d 后即可转移到一般羊舍和草场。选择使用驱虫药，应选择广谱、高效、低毒驱虫药物，并了解药物的作用范围。如丙硫咪唑类药物对胃肠道线虫、肺线虫和绦虫有效，可同时驱除混合感染的多种寄生虫，是较理想的内驱虫药物，但对外寄生虫无效。阿维菌素类药物对线虫及体外寄生虫有效，但对绦虫和吸虫无效。要注意阿维菌素类药物在反刍动物瘤胃中易分解失效，因此羊最好采用注射针剂。对低洼阴湿的吸虫高发地区可采用硝氯酚、肝蛭净、佳灵三特等药物效果最佳。对绦虫高发区采用吡喹酮、氯硝硫胺、硫酸铜、硫酸二氯酚等驱虫效果较好。

二、羊传染病防治技术

1.羊快疫

羊快疫是由腐败梭菌引起的一种急性传染病。以突然发病，病程短、死亡快和真胃黏膜出血性、坏死性炎症为特征。

流行特点　本病一般经消化道感染，以 2 岁以内的羊发病较多。一般呈地方流行，多发于秋、冬和初春气候骤变、阴雨连绵季节；低洼地、潮湿地、沼泽地放牧的羊只易患本病。

主要症状　病羊往往来不及出现临床症状就突然死亡。病程长的病羊离群卧地，不愿走动，强迫行走时，运动失调。腹部膨胀，有痛感，排粪困难，里急后重，有的排黑色稀粪，一般体温不高，有的可升高到 41℃，数小时内痉挛或昏迷。

预防

(1)本病常发地区，每年定期注射羊快疫、猝狙、肠毒血症、三联苗或羔羊痢疾、黑疫五联菌苗，不论大小羊，均皮下或肌内注射5 mL。

(2)当本病严重发生时，转移牧地，可收到减弱和停止发病的效果。应将所有未发病的羊只转移到高燥地区放牧，早上不宜太早出放。

(3)及时隔离病羊；对病死羊严禁剥皮利用，尸体及排泄物应深埋；被污染的圈舍和场地、用具，用3%的烧碱溶液或20%的漂白粉溶液消毒。

(4)对病羊的同群羊进行紧急预防接种，并口服2%的硫酸铜，每只羊100 mL。

治疗　由于本病病程短促，往往来不及治疗，因此，必须加强平时的防疫措施；对病程较长的病例可给予对症治疗，使用强心剂、肠道消毒药、抗生素及胺类药物。

2.羊猝疽

本病是由C型产气荚膜梭菌引起的一种毒血症，故又称为“C型肠毒血症”。临床上以急性死亡、腹膜炎和溃疡性肠炎为特征。

流行特点　经消化道感染，常与快疫合并发生，多见于早春和秋季，1～2岁的绵羊发病较多。常发生于低洼潮湿地区，多呈地方性流行或散发。

症状　主要表现是体温升高，腹痛、昏迷和痉挛，随即死亡。新生羔羊除发生紧张性痉挛外，还会出现虚脱。但因死亡很快，一般很少看到症状。

剖检　主要病变是出血性肠炎，有大量腹水，肠系膜淋巴结有出血性炎症。心包液很多。胸腔常有积液，暴露于空气易形成纤维素絮块。浆膜上有小点出血。死后8 h，骨骼肌间积聚血样液体，肌内出血，有气性裂孔，似海绵状。

防治　治疗往往来不及，主要应该做好预防工作。

在本病流行地区，每年应对羊群普遍进行三联菌苗或五联菌苗注射。

免疫母羊所产的羔羊，可由母乳获得抗C型肠毒血症的被动免疫。这种被动免疫可保持到30日龄，同时能够抑制主动免疫的形成。因此，对于免疫母羊所生的羔羊，在30日龄以前不宜接种多价菌苗，但对非免疫母羊所生的羔羊，可以从15～20日龄开始接种疫苗。

3.羊肠毒血症（软肾病）

本病为急剧进行的一种非接触性传染病，可侵害各种年龄的绵羊，但主要为害羔羊。由于细菌毒素引起机体中毒，故可迅速致死。死后肾组织易于软化，本病又称软肾病；在临床上与羊快疫相似，又称类快疫。

流行特点　本菌常见于土壤中，由口腔进入羊的胃肠道，也经常发现于健康羊的消化道内。当细菌获得有利繁殖条件时，即在真胃和小肠内大量繁殖，产生多量毒素。毒素被吸收以后，可使羊体发生中毒，而引起发病。

有利于细菌繁殖的因素有以下几种：

(1)缺乏运动，使肠蠕动减弱，甚至变为弛缓。

(2)饲喂精料过量、饲养不合理，破坏了肠道的正常活动与分泌机能，例如给予大量的玉米、大麦或豆类，均易引起此病。

(3)胃肠道受到损伤，也能够促使疾病的出现。

症状　本病发生突然，病羊呈腹痛、肚胀症状。患羊常离群呆立、卧地不起或独自奔跑。濒死期发生肠鸣或腹泻，排出黄褐色水样稀粪。病羊全身颤抖、磨牙、头颈后仰、口鼻流沫，于昏迷中死亡。体温一般不高，血、尿常规检查有血糖、尿糖升高现象。

病理变化　真胃内有未消化的饲料；小肠黏膜充血或出血，肠系膜淋巴结浸润增大。幼羊心包腔内的液体比大羊多。心内、外膜出血，小肠浆膜出血。羔羊唯一有规律的变化是心包液增多与心内膜下部溢血。肾脏充血，但随着时间的延长，留在未剖开尸体内的肾脏发生进行性的变软。有时在幼羊呈血色乳糜状,故有髓样肾病之称,大羊的肾脏有时变软(称为软肾病),肾的这些变化在死后6 h最为明显,肝脏显著变性。有些羔羊脾脏有严重的肺水肿和大量的胸膜渗出液,这是由于高浓度的毒素进入肺循环而引起的。

预防

(1)在预防措施中,主要应考虑到促进肠蠕动的问题。为此应经常保证运动,不要喂过多的精料,防止多食青嫩牧草,并常常更换牧场。

(2)在常发病的地区,应在舍饲管理的后期用三联(快疫、猝击、肠毒血症)菌苗或五联菌苗进行预防接种,共接种2次,间隔为16～20 d。有些羊在接种以后,表现前肢跛行,体温升高0.5～1.0℃,但3～4 d以后,这些反应即可消失。

菌苗接种2周后即可产生免疫性,免疫力可达6个月。免疫过的怀孕母羊,其初乳中蓄积有抗毒素抗体,可被动传递给羔羊。保护作用可从初生延长到5周龄。因此,5周龄羔羊应进行五联苗预防接种。

(3)给饲料中加入金霉素(22 mg/kg)。可以预防肠毒血症。但在大群中长期应用不太经济,只在特别必要时可以喂给金霉素饲料。

(4)当羊群中出现该病时,应立即改变饲养方法,以加强肠道的蠕动,例如增喂粗料(干草、稿秆等),减少或停喂精料,并加强运动等。只有这样,才能减少病的蔓延和羊只继续死亡。

(5)在发病羊群中灌服下列中药,有一定的预防效果。

苍术9 g,大黄9 g,贯仲4 g,龙胆草4 g,玉片3 g,甘草9 g,雄黄1 g(另包)。

以上为1只羊的用量。大群应用时,可按羊数配药,将前6种药先加水煮煎,后加雄黄,分灌羊只。灌后加服少量青油。

治疗　由于病程急促，药物治疗通常无效。对于病程较慢的病例，可用抗生素或磺胺药，结合强心、镇静对症治疗。还可灌服10％的石灰水，大羊200 mL，小羊50～80 mL，加水适量，一次内服。

4.口蹄疫

口蹄疫是由病毒引起的一种发热传染病，主要侵害偶蹄兽。感染后，口腔黏膜和蹄趾间发生水疱，抵抗力降低，易引起其他并发病。

流行特点　病原为口蹄疫病毒，只感染偶蹄动物，如牛、羊、猪、骆驼、鹿等，也可传染给人。以动物口腔、蹄部发生水泡和溃烂为特征。传播途径很多，可通过食物、水源、空气、接触性传染。羊口蹄疫在易感动物中临床症状表现最轻，而且可以呈隐性感染，带毒1～5年甚至终生。

主要症状　患畜除口腔、蹄部发生水泡、溃烂外，有时乳房也可发生。患畜体温升高，口腔损害可使食欲下降，蹄部损害可造成跛行。轻者1～2周，重者2～3周可痊愈，死亡率1％～2％。幼畜表现为恶性经过，死亡率达20％～50％，主要表现为胃肠炎和心肌炎。

防治　发生口蹄疫疫情后，不允许治疗，就地扑杀，进行无害化处理，预防措施中严禁从疫区购动物及其畜产品、饲料、生物制品等。发生疫情立即上报，按国家有关规定严格实行划区封锁，紧急预防接种，搞好消毒工作每年进行口蹄疫疫苗强制免疫，最好采用口蹄疫疫苗肌内注射，每年2次。

5.羊痘

病原为羊痘病毒，以皮肤表面水样痘发展至脓性痘状病变、高热为特征。

病原　是由病毒引起的急性接触性传染病。

症状　体温升高至41～42℃，精神不振，食欲减退。先从嘴唇开始出现病症，后鼻、脸、四肢内侧、乳房等毛短或无毛处呈现红斑，相继成为丘疹，高于皮肤表面。2～3 d后变成水泡，中央凹陷呈脐状。随之变为脓疮。如无感染，几日后脓疮变为褐色痂块。有的症状不典型，常发展到丘疹期而终止。

防治　发现病羊应及时隔离，并对污染的羊舍、用具等进行彻底消毒。对皮肤上的痘疮，可用龙胆紫药水处理，黏膜上的痘疹用0.1%高锰酸钾、碘甘油等处理。如继发感染可用抗生素药物治疗。对常发区及受威胁区羊群，定期注射羊痘弱毒疫苗。

6.羊布氏杆菌病

简称“布病”，是慢性传染病。其特征是部分母羊发生流产。

病原　为布氏杆菌，是一种很小的球形杆菌。分牛、羊、猪3型，有时3型可互相感染，人对3型均可感染，但以羊型性危害最大。经消化道、皮肤伤口及呼吸道均能传给健畜。

防治　本病无特有效治疗药物，加强对本病的检疫、免疫、扑杀综合性预防措施是行之有效的。

定期检疫　羔羊每年离乳后进行一次布病检疫，成羊2年一药检。购进羊只必须进行检疫。发现病羊及时扑杀。

免疫接种　当年阴性羔羊用“羊型5号弱毒活菌苗”接种。成羊连续接种2年，一年1次。

7.羊巴氏杆菌病

病原　主要由多杀性巴氏杆菌引起的，羊常见于幼龄绵羊和羔羊。

主要症状　潜伏期1～5 d，急性病羊无任何症状突然倒地死亡，多发生于3月龄乳羔羊；亚急性病羊表现为高热，呆立一角或卧地不起，食欲废绝，咀嚼困难并伴有咳嗽，排粪困难，粪稀软或呈泻状，恶臭并带有血丝和气泡，死前鼻腔、口腔有黏性分泌物，呈泡状；慢性者呈肺炎症状，咳嗽、腹泻，体躯逐渐瘦弱，经治疗可痊愈；自然流产后母羊转危为安。

防治　巴氏杆菌为羊体内常见菌，多因外界环境发生变化或饲养条件恶劣使机体抵抗力下降，导致内源性感染。病原体在发病羊体内继代，毒力迅速增强，进一步造成接触性传染，使疫情蔓延，夏季预防注射羊的出败疫苗，平时要注意饲养管理，增强机体的抵抗力。广谱抗生素及磺胺类药物都有疗效。

8. 羊炭疽病

病原　由炭疽杆菌引起的人畜共患、烈性传染病。病羊是主要传染源。病菌主要从伤口、消化道、呼吸道侵入。多发在雨量较多的季节。

症状　潜伏期 2～7 d，发病急，病程短。病羊体温升高(41℃以上)，病势凶猛，突然倒地，呼吸困难，黏膜呈紫色，全身痉挛，瞳孔散大，口、鼻、肛门、阴户等天然孔流出带气泡酱油样的血液，不凝固，数分钟死亡，且尸僵不全。

防治　病死尸体严禁解剖，更不准食用，尸体要深埋，被污染的地面土应铲除与尸体一起埋掉。在发生过炭疽的地区要每年进行一次Ⅱ号炭疽芽孢疫苗预防注射。

9. 羊传染性脓疱(羊口疮)

病原　由口疮病毒引起，夏季易发。

症状　以患羊口唇等部皮肤、黏膜形成丘疹、脓疮、溃疡以及疣状厚痂为特征，主要危害 3～6 月龄羔羊，严重时可引起羔羊死亡。羔羊常于口角、唇、鼻附近、面部和口腔黏膜形成损害，成年羊病变多见于上唇部、颊、蹄、趾间、乳房部的皮肤。病变初为散在的红色疹状突起，随后变成脓疮并迅速结成淡黄色或褐色疣状痂，痂迅速增厚，扩大并干裂，约经 10 d 即脱落。病程 1～4 周，一般可恢复，但也可继发肺炎或坏死杆菌感染而死亡。

治疗　同羊痘病。

10. 羊传染性角膜炎

病原　该病由嗜血杆菌、立克氏体引起。

主要症状　病变限于眼结膜、角膜等处，使眼睛角膜混浊或白内障。

治疗　可采用2%～5%硼酸水或淡盐水或0.01%呋喃西林洗眼后，再涂以红霉素、降汞、可的松等眼膏进行治疗。出现角膜混浊或白内障时可滴入拨云散或青霉素加全血眼皮下注射。

11.羔羊痢疾

羔羊痢疾是由魏氏梭菌B型引起的初生羔羊的一种急性毒血性传染病。以剧烈腹泻和小肠发生溃疡为特征。

流行特点　呈季节性流行，主要侵害产后2～8 d的羔羊，尤以新生3 d的羔羊最易发病。杂交改良品种更为敏感，特别是高代杂交品种羔羊死亡率甚高。一般羊羔初期患病少，产羔盛期传染快，发病率明显增高。本病传染来源是病羔，其粪便内含有大量病原菌，污染羊舍和周围环境，成为传播因素，经消化道、脐带和外伤等途径而感染。

临床症状　潜伏期数小时到1 d，病初羔羊精神沉郁，食欲减退或停止哺乳，随后1～2 d，病羔拉黄褐色稀糊状或水样粪便，恶臭。委靡呆立，低头弓背，腹部下凹，后期粪内带血，肛门失禁。由于持续性腹泻，体温偏低，经1～2 d死亡。个别病例出现神经症状，流涎，牙关紧闭，角弓反张，四肢抽搐或昏迷，以死亡告终。

预防　本病要加强饲养管理，使孕羊膘肥体壮，确保羔羊体质好，抗病力强，计划配种避开寒冷季节产羔，搞好卫生消毒工作，保持栏圈干燥和温暖。做好预防接种工作，每年秋季注射羊厌氧菌病五联菌苗或单菌苗。药物预防在羔羊出生后12 h内，口服土霉素0.2 g，每日1次，连服3 d，有一定预防效果。

治疗　治疗方法很多，可选用土霉素0.2～0.3 g，加等量胃蛋白酶水调灌服，每日两次；也可用磺胺胍0.5 g，鞣酸蛋白、次硝酸钠、碳酸氢钠各0.2 g，或再加呋喃唑酮0.1～0.2 g，水调灌服，每日3次。病初用较大剂量青霉素、链霉素各20万IU注射。必要时采用对症疗法，强心补液，收敛止痛等。有条件的可用高免血清。

12.羔羊大肠杆菌病

羔羊大肠杆菌病是由致病性大肠杆菌所引起的一种幼羔急性、致死性传染病。临床上表现为腹泻和败血症。

病原　大肠杆菌是革兰氏阴性、中等大小的杆菌。分类上属肠杆菌科，埃希氏菌属。无芽孢，具有周鞭毛，对碳水化合物发酵能力强。本菌对外界不利因素的抵抗力不强，60℃时 15 min 即死亡，一般常用消毒剂均易将其杀死。

致病性大肠杆菌与动物肠道内正常寄居的非致病性大肠杆菌在形态、染色、培养特性和生化反应等方面没有差别，但抗原结构不同。

流行特点　多发生于数日至 6 周龄的羔羊，有些地方 3～8 月龄的羊也有发生，呈现地方性流行，也有散发的。该病的发生与气候不良、营养不足、场地潮湿污秽等有关。放牧季节很少发生，冬春舍饲期间常发。经消化道感染。

临床症状　潜伏期 1～2 d。分为败血型和下痢型两型。

败血型多发生于 2～6 周龄羔羊。病羊体温 41～42℃，精神沉郁，迅速虚脱，有轻微的腹泻或不腹泻，有的带有神经症状，运步失调、磨牙、视力障碍，也有的病例出现关节炎，多于发病后 4～12 h 死亡。

下痢型多发生于 2～8 日龄新生羔。病初体温略高，出现腹泻后体温下降，粪便呈半液状，带有气泡，有时混有血液。羔羊表现腹痛，虚弱，严重脱水，不能起立。如不及时治疗，可于 24～36 h 死亡，病死率 15%～17%。

防治　大肠杆菌对土霉素、磺胺类和呋喃类药物都有敏感性，但必须配合护理和其他对症疗法。土霉素按每日每千克体重 20～50 mg，分 2～3 次口服；或按每日每千克体重 10～20 mg，分

2次肌内注射。20%磺胺嘧啶钠，5～10 mL，肌内注射，每日2次；或口服复方新诺明，每次每千克体重20～25 mg，每日2次，连用3 d。呋喃唑酮，按每日每千克体重5～10 mg，分2～3次内服。也可使用微生态制剂，如促菌生等，按说明拌料或口服，使用此制剂时，不可与抗菌药物同用。新生羔再加胃蛋白酶0.2～0.3 g。对心脏衰弱的，皮下注射25%安钠咖0.5～1.0 mL；对脱水严重的，静脉注射5%葡萄糖盐水20～100 mL；对有兴奋症状的病羔，用水合氯醛0.1～0.2 g加水灌服，预防本病，主要对母羊加强饲养管理，做好抓膘、保膘工作，保证新生羔羊健壮、抗病力强。同时应注意羔羊的保暖。特异性预防可使用灭活疫苗。对病羔要立即隔离，及早治疗。对污染的环境、用具要用3%～5%来苏儿液消毒。

三、羊常见普通病防治技术

1.乳房炎

病因　该病多见于挤乳技术不熟练或操作不当，损伤了乳头、乳腺体；或因挤乳工具不卫生，使乳房受到细菌感染所致。也可见于结核病、口蹄疫、子宫炎、脓毒败血症等过程中。

主要症状　乳房炎是乳腺、乳池、乳头局部的炎症；多见于产羔后4～6周泌乳期羊。临床特征为乳腺发生种种不同性质的炎症，乳房发热、红肿、疼痛，影响泌乳机能和产乳量。病因为圈舍潮湿或挤奶时不洁，羊运动少，常卧地，损伤乳头感染细菌所致。另外，羊患口蹄疫、子宫炎等疾病也能继发本病。

防治　应保持圈舍干燥清洁。病初可用40万IU青霉素、0.5%普鲁卡因5 mL溶解后，用乳房导管注入乳房内，轻揉乳房，冷敷2～3 d后可施热敷，热敷液为10%硫酸镁1 000 mL加热至45℃，每日1～2次，连用4 d。中药：当归15 g，生地6 g，蒲公英30 g，二花12 g，连翘6 g，赤芍6 g，川芎6 g，瓜蒌6 g，龙胆草

12 g，山枝 6 g，甘草 10 g，研细末，开水调服，每日 1 剂，连服 5 d。脓性乳房炎开口引流排脓，注入 0.02%呋喃西林液、3%过氧化氢液冲洗。

2. 羊风湿症

病因　是寒冷潮湿引起，常发于冬季，症状是羊四肢、腰肌、关节突出，行动不便。

预防　要保持圈舍干燥、通风，治疗可采用氢化可的松肌内注射或穴位治疗。

3. 尿结石

尿结石是尿路中盐类结晶物刺激黏膜，进而出血、发炎和阻塞尿路的疾病。

病因　主要是长期饮水量不足；运动少，尿、汗排出障碍或大量排汗后盐类浓度过高；某些可引起尿液偏碱性疾病；长期喂富含磷的精料、块根料等。尿结石常因结石发生的部位不同而症状有差异，造成完全或不完全阻塞，引起尿闭、尿痛、尿频。有时可致膀胱破裂。

防治　要给以充足清净的饮水，在饲料中添加适量的氯化胺可延缓磷、镁盐类在尿中沉积，饲料钙、磷比为 2∶1。可用利尿剂乌洛托品或克尿塞辅助治疗。中药金钱草 5 g 加海金沙 30 g，水煎服每日 1 次可助排石。同时注射青链霉素防治尿路感染。

4. 腐蹄病

病因　舍饲羊因运动少，蹄部较少磨损，容易出现蹄壳过长或蹄形不正，这样会造成蹄部生病或跛行，以至发生腐蹄病。因此，要经常检查蹄生长情况，当出现蹄形不正时及时修蹄。羊舍保持清洁干燥，如发现病羊及时隔离治疗。

治疗　零星发病时，可用 2%～3%来苏儿消毒患部，然后撒些硫酸铜粉末，用纱布包扎。大群发病时，可在羊舍门口设水泥池做药浴池，池内放入 8%～10%硫酸铜溶液。羊出入洗涤 2～

3次。

5.羔羊白肌病

白肌病是羔羊的一种以骨骼肌、心肌纤维以及肝组织等发生变性、坏死为主要特征的疾病。病变部位肌肉色淡、苍白。

症状　急性者常未发现症状就突然死亡,一般以机体衰弱、心力衰竭、呼吸困难、消化机能紊乱为特征。患羊精神委靡,离群,不愿运动,行走不便,心搏动快,每分钟可达200次以上,严重者心音不清,有时只能听到一个音。可视黏膜苍白,呼吸浅而快,每分钟达80～90次,尿呈红色、红褐色,出现蛋白尿。

预防　对妊娠、哺乳母羊及羔羊要加强饲养管理,特别是冬春季节更应注意饲喂含蛋白质和含硒的饲料,如干苜蓿等豆科饲料。对发生过白肌病或有白肌病可疑的地区,冬季给妊娠母羊注射0.1%亚硒酸钠注射液,每只注射4～8 mL,每20 d注射一次,共注射2～3次;对生后2～3日龄的羔羊注射1 mL。

6.中毒

羊与其他动物一样,有时不能辨别有毒物质而误食,从而引起中毒。采取预防中毒的措施有不喂有毒植物;禁喂霉变饲料饲草;饲料饲草应晒干保存,贮存的地方应干燥、通风;喂前要仔细检查,如果发现霉变应废弃掉。防止水源性中毒:对喷洒过农药和施用过化肥的农田所排的水,不应当作羊的饮水。一旦发现羊中毒,首先要查明原因,及时进行救治。

中毒病的一般治疗原则如下:

(1)排除毒物　中毒的初期可用胃导管洗胃,用温水反复冲洗,以排除胃内容物。如果中毒发生的时间较长,应及时灌服泻剂。常用盐类泻剂,如硫酸钠(芒硝)或硫酸镁(泻盐),剂量一般为50～100 g。大多数有毒物质常经肾脏排泄,所以利尿对排毒有一定效果,可使用强心剂、利尿剂,内服或静脉注射均可。

(2)使用特效解毒药　确定有毒物质的性质,及时有针对性使用特效解毒药，如酸类中毒可服用碳酸氢钠、石灰水等碱性药物；碱类中毒常内服食用醋；亚硝酸盐中毒可用1%的美蓝溶液按每千克体重0.1 mL静脉注射；氰化物中毒可用1%的美蓝溶液按每千克体重1.0 mL静脉注射；有机磷农药中毒时可用解磷定、氯磷定、双复磷解毒。

(3)对症治疗　为了增强肝、肾的解毒能力，可大量输液；心力衰竭时可用强心剂；呼吸困难时可使用舒张支气管、兴奋呼吸中枢的药物；病羊兴奋不安时可使用镇静剂。

7. 食道梗塞

症状　食道梗塞是指羊的食道被饲草或异物堵塞。羊在过度饥饿时，突然饲喂块根块茎类饲料，可导致堵塞。堵塞后大量唾液从口鼻流出，颈部肌肉痉挛，不嗳气，不反刍，呼吸困难，瘤胃臌气。若救治不及时会窒息死亡。

治疗　发生食道梗塞时，应尽早排除堵塞物。如果堵塞物在咽部，则可用手或镊子夹出；如果堵塞物在深部食道，则先用胃导管灌入2%普鲁卡因溶液50 mL，经8～10 min后，再向食管内灌入液体石蜡油50 mL，然后用胃导管向下推送堵塞物，只要将堵塞物送入瘤胃，梗塞即可解除。

8. 前胃弛缓

羊的前胃弛缓是指羊采食较多的发霉、变质或冰冻的饲料，或饲喂了过量的精料及运动不足而导致本病发生。患有前胃弛缓的病羊，食欲减退或不食，经常空口磨牙、反刍无力、反刍次数减少或停止反刍，时间长后则逐渐消瘦，严重者表现贫血甚至死亡。

治疗措施

(1)促进反刍　可静脉注射10%氯化钠100～200 mL加10%安纳咖5 mL。

(2)促进瘤胃蠕动　皮下注射硫酸新斯的明2 mL，每隔6 h注射一次，直到恢复瘤胃蠕动；也可内服吐酒石(酒石酸锑钾)1～

2 g,每日1次,连用2～3 d。

(3)恢复瘤胃内微生物群系　将刚屠宰的健康羊的瘤胃液或健康羊反刍时口腔内的草团,经病羊口腔灌入瘤胃内,这对恢复瘤胃甚至肠道内的微生物群系非常重要。

9.瘤胃臌气

羊吃了大量易发酵的饲草、饲料,如幼嫩多汁的青草,或霜冻的饲料、酒糟、霉败变质的饲料,或抢食精料过多时,均可导致瘤胃内容物大量产气。发病后可见病羊左肷部膨胀,叩击时呈鼓音,羊表现不安、拱背、回头顾腹、咩叫、两后肢不时地踏动。救治时以排除瘤胃内气体,制止瘤胃内容物进一步发酵产气为主。

治疗措施

(1)放气　对于急性的瘤胃臌气,及时放气排气是缓解症状的一种重要方法。可用瘤胃穿刺放气法或胃导管放气法。

(2)制止发酵　放气后,顺便注入0.5%的普鲁卡因青霉素80万～240万IU,或酒精20～30 mL。也可灌服豆油、花生油、棉籽油50～100 mL。

(3)排除瘤胃内容物　可灌服泻剂硫酸钠或硫酸镁50～100 g,或植物油100～250 mL,让胃肠内容物尽快排出。

10.瘤胃积食

羊突然采食大量半湿不干的花生秧、地瓜秧等之后又缺乏饮水,可引起瘤胃积食;另外发生瓣胃阻塞、真胃阻塞和肠阻塞时,也可继发瘤胃积食。积食后的羊不反刍、不吃草,腹围增大,瘤胃内容物饱满硬实、按压成坑;病羊作排粪姿势,拱背,顾腹,咩叫。

治疗羊的瘤胃积食以排出瘤胃内容物、止酵防腐、促进瘤胃蠕动、解除酸中毒为宗旨,可采用以下几种方法:

(1)按摩瘤胃　发病初期,在羊的左肷部用手掌按摩瘤胃,每次按摩5～10 min,每日按摩5～10次,可以刺激瘤胃,使其恢复蠕动。

(2)促进反刍　静脉注射10%的高渗盐水100～200 mL,同时皮下注射硫酸新斯的明或毛果芸香碱拟胆碱药物,每只羊每次12 mL,每日2～3次,以促进胃肠蠕动。

(3)强心补液缓解酸中毒　为了补充体液,纠正代谢性酸中毒,可静脉注射复方氯化钠溶液500 mL、10%安钠咖注射液5～10 mL、5%碳酸氢钠溶液100～200 mL。

(4)手术治疗　即切开瘤胃,取出瘤胃内容物,以缓解积食。

11.感冒

病因　在冬春季节,气候突然改变,或在放牧过程中被雨水突然淋湿等均可导致羊只感冒。

症状　感冒的羊咳嗽流涕、鼻镜发干、眼结膜充血、羞明流泪、反刍停止、吃草少或不吃草、体温升高。

治疗　复方氨基比林10 mL、30%安乃近10 mL、大青叶注射液4～8 mL、柴胡注射液4～8 mL、病毒唑注射液2～4 mL,肌内注射;或安乃近1～2 g内服;再配合适量的抗生素,如青霉素、链霉素、庆大霉素、氟哌酸、环丙沙星或恩诺沙星等,以防止细菌性疾病继发。

12.外伤处理

羊发生外伤后应及时止血、清创、消毒、缝合、包扎,以防化脓。

(1)止血　用压迫法或注射止血药来制止出血,以免失血过多。

(2)清创　在创伤周围剪毛、清洗、消毒,清除创腔内的异物、血块及挫灭组织,然后用呋喃西林、高锰酸钾等反复冲洗创腔,直到冲洗干净为止,并用灭菌纱布蘸干残留药液。

(3)消毒　不能缝合且较严重的外伤,应撒布适量青霉素、链霉素、四环素等抗微生物药品,防止感染。

13.流产

母羊怀孕后,一旦发现有先兆性流产或习惯性流产者,应及时治疗。发生先兆性流产时,母羊腹痛、不安、呼吸和脉搏加快。治疗的原则是安胎。

可采取以下措施：

(1)肌注黄体酮(孕酮) 每只羊10～15 mg，每日1次。

(2)镇静 可内服或肌内注射氯丙嗪，每千克体重1 mg，每日3次。

(3)人绒毛膜促性腺激素 每日每只羊肌内注射100～200 IU，配合硫酸镁等镇静剂一起使用效果更好。

(4)助产 如果流产已势在必行，则应该及时引产、助产，以利于以后的繁殖生产。

四、羊常见寄生虫病防治技术

舍饲肉羊感染寄生虫主要分为内寄生虫感染如片型吸虫、消化道线虫和体表寄生虫感染如虱、螨、蜱等。内寄生虫可导致羊贫血、消瘦、局部水肿、下痢、流产等。外寄生虫以吸食羊血、毛为主，使病羊瘙痒、不安。影响采食、休息，进而皮肤发炎和消瘦，防治主要是采取每年春秋两次驱虫药浴和环境消毒，可从根本上防止内外寄生虫的感染。

1.羊疥癣病

羊疥癣病又称螨病，俗名叫“癞”，它是由羊疥癣虫寄生在羊身体上所引起的传染性皮肤病。疥癣病一般是羊直接接触病羊或被疥癣虫污染的物体时，疥虫爬到健康羊身上感染引起的，在雨季繁殖很快，容易蔓延，到冬季发展到高峰。

症状 疥癣虫侵袭羊体后，病初多发生于身体毛长的皮肤处，如背部、尾及臀部。秋冬季节及剪毛前是疥虫活动适宜期，繁殖特别迅速，很快蔓延到了体侧及全身。起初表现发痒，尤其夜间与清晨，病羊极其不安，到处摩擦、搔蹭或啃咬患部。被毛先潮湿后松乱，患病部位皮肤增厚、发炎，失去弹性。病羊逐渐消瘦、贫血、脱毛，在严寒季节里，多因极度消瘦而死亡。

治疗　大面积感染的患畜外擦治疗效果差，采用虫克星胶囊治疗简便易行，疗效好。每只 1 粒（0.2 g），温开水灌服。药浴采用 50%辛硫磷乳油，稀释浓度为 0.025%～0.05%。

2. 羊鼻蝇病

由羊鼻蝇幼虫寄生在羊的鼻腔、腭窦引起的一种慢性寄生虫病。患羊常打喷嚏，先流鼻涕，后变浓性鼻液，带血，呼吸困难，渐渐消瘦，毛粗乱。严重时鼻腔幼虫钻入脑子里损伤脑膜，出现神经症状。

治疗　用 3～5 mL 敌敌畏原液滴于纸上，另用纸包起来点燃。将 20～30 只羊圈在堵严的羊舍内，熏 10～15 min 即可。

鼻蝇蛆病流行地区，按期用敌百虫进行预防性驱虫。

3. 羊胃肠道线虫病

羊的消化道内常见的线虫有捻转血毛线虫、羊仰口线虫、食道口线虫和毛首线虫等，它们可引起不同程度的胃肠炎和消化机能障碍，使病羊消瘦、贫血，严重者可死亡。

防治措施　每年驱虫 2 次，注意饮水卫生，粪便发酵处理，加强饲养管理。治疗可用敌百虫、抗蠕敏、左旋咪唑、阿维菌素、伊维菌素等药物。

4. 羊肝片吸虫病

肝片吸虫病也叫肝蛭病、掉水肥，是由肝片吸虫寄生在肝管内，导致羊精神不振，食欲减退，贫血，消瘦，眼睑、下颌、胸 前、腹下水肿为特征的症状。

防治措施　定期驱虫，每年进行 1～2 次。羊的粪便要堆积发酵后再使用，以杀虫卵。

本章重点提示

1. 根据当地的疫病流行特点，对当地一些易发的疾病进行有针对性的预防免疫，严防疫病发生。

2. 舍饲条件下，饲养密度大，羊场污物及剩草、剩料处理不及时，导致病原微生物大量繁殖，对羊群造成感染，发生疫病。所以，每周应用消毒剂对羊舍及周围环境进行喷洒消毒，消毒要彻底，不留死角。消毒时，采用两种以上不同成分的消毒剂交叉使用，如发生感染应增加消毒次数和适当增加消毒剂的浓度。

3. 对于发病羊，在确诊之后，选择合适的药物进行治疗，不要长期使用一种药，以免产生耐药性；几种药物配合使用时，注意配伍禁忌；避免对羊长期使用抗生素，以免造成消化道菌群平衡失调，影响消化吸收。

附　　录

附录一　无公害食品　肉羊饲养饲料使用准则
(NY 5150—2002)

1　范围

本标准规定了生产无公害肉羊所需的配合饲料、浓缩饲料、精料补充料、添加剂预混合饲料、饲料原料、饲料添加剂加工过程的要求以及检验方法、检验规则、判定规则、标签、包装、贮存、运输的规范。

本标准适用于生产无公害肉羊所需的商品配合饲料、浓缩饲料、精料补充料、添加剂预混合饲料和生产无公害肉羊的养殖场自配饲料。

出口饲料产品的质量,应按双方签订的合同进行。

2　规范性引用文件

下列文件中的条款通过本标准的引用而成为本标准的条款。凡是注日期的引用文件,其随后所有的修改单(不包括勘误的内容)或修订版均不适用于本标准。然而,鼓励根据本标准达成协议的各方研究是否可使用这些文件的最新版本。凡是不注日期的引用文件,其最新版本适用于本标准。

GB 4285 农药安全使用标准

GB/T 6432 饲料中粗蛋白测定方法

GB/T 6435 饲料水分的测定方法

GB/T 6436 饲料中钙的测定方法

GB/T 6437 饲料中总磷的测定方法　光度法

GB/T 10647 饲料工业通用术语

GB 10648 饲料标签

GB 13078 饲料卫生标准

GB/T 13079 饲料中总砷的测定

GB/T 13080 饲料中铅的测定方法

GB/T 13081 饲料中汞的测定方法

GB/T 13082 饲料中镉的测定方法

GB/T 13083 饲料中氟的测定方法

GB/T 13084 饲料中氰化物的测定方法

GB/T 13090 饲料中六六六、滴滴涕的测定

GB/T 13091 饲料中沙门氏菌的检验方法

GB/T 13092 饲料中霉菌检验方法

GB/T 14699 饲料采样方法

GB/T 16764 配合饲料企业卫生规范

GB/T 17480 饲料中黄曲霉毒素 B_1 的测定　酶联免疫吸附法

NY/T 5151 无公害食品　肉羊饲养管理准则

NY 5148 无公害食品　肉羊饲养兽药使用准则

NY 5149 无公害食品　肉羊饲养兽医防疫准则

饲料和饲料添加剂管理条例

饲料药物添加剂使用规范（中华人民共和国农业部公告第168号）

禁止在饲料和动物饮水中使用的药物品种目录（农业部公告第176号）

农业转基因生物安全管理条例

3 术语和定义

GB/T 10647《饲料工业通用术语》中确立的以及下列术语和定义适用于本标准。

3.1 饲料

经工业化加工、制作的供动物食用的饲料，包括单一饲料、添加剂预混合饲料、浓缩饲料、配合饲料和精料补充料。

3.2 饲料原料(单一饲料)

以一种动物、植物、微生物或矿物质为来源的饲料。

3.3 能量饲料

干物质中粗纤维含量低于 18%，粗蛋白含量低于 20% 的饲料。

3.4 粗饲料

天然水分含量在 60%以下，干物质中粗纤维含量等于或高于 18%的饲料。

3.5 饲料添加剂

指在饲料加工、制作、使用过程中添加的少量或者微量物质，包括营养性饲料添加剂和一般饲料添加剂。

3.6 营养性饲料添加剂

指用于补充饲料营养成分的少量或者微量物质，包括饲料级氨基酸、维生素、矿物质微量元素、酶制剂、非蛋白氮等。

3.7 一般饲料添加剂

为保证或者改善饲料品质、提高饲料利用率而掺入饲料中的少量或者微量物质。

3.8 添加剂预混合饲料

由一种或多种饲料添加剂与载体或稀释剂按一定比例配制的均匀混合物。

3.9 浓缩饲料

由蛋白质饲料、矿物质饲料和添加剂预混料按一定比例制成的均匀混合物。

3.10 配合饲料

根据饲养动物营养需要，将多种饲料原料按饲料配方经工业生产的饲料。

3.11 精料补充料

为补充以粗饲料、青饲料、青贮饲料为基础的草食饲养动物的营养，而用多种饲料原料按一定比例配制的饲料。

4 要求

4.1 饲料原料

4.1.1 感官指标：具有该品种应有的色、嗅、味和形态特征，无发霉、变质、结块及异嗅、异味。

4.1.2 青绿饲料、干粗饲料不应发霉、变质。

4.1.3 有毒有害物质及微生物允许量应符合 GB 13078 的规定。

4.1.4 不应在肉羊饲料中使用除蛋、乳制品外的动物源性饲料。

4.1.5 不应在肉羊饲料中使用各种抗生素滤渣。

4.2 饲料添加剂

4.2.1 感官指标：具有该品种应有的色、嗅、味和形态特征，无结块、发霉、变质。

4.2.2 饲料中使用的饲料添加剂应是农业部允许使用的饲料添加剂品种目录中所规定的品种和取得批准文号的新饲料添加剂品种。

4.2.3 饲料中使用的饲料添加剂产品应是取得饲料添加剂产品生产许可证企业生产的、具有产品批准文号的产品。

4.2.4 有毒有害物质应符合 GB 13078 的规定。

4.3 配合饲料、浓缩饲料、精料补充料和添加剂预混合饲料

4.3.1 感官指标 应色泽一致，无霉变、结块及异嗅、异味。

4.3.2 有毒有害物质及微生物允许量应符合 GB 13078 的规定。

4.3.3 肉羊配合饲料、浓缩饲料、精料补充料和添加剂预混合饲料中的药物饲料添加剂使用应遵守《饲料药物添加剂使用规范》。

4.3.4 肉羊饲料中不得添加《禁止在饲料和动物饮水中使用的药物品种目录》中规定的违禁药物。

4.4 饲料加工过程

4.4.1 饲料企业的工厂设计与设施卫生、工厂卫生管理和生产过程的卫生应符合 GB/T 16764 的要求。

4.4.2 配料

4.4.2.1 定期对计量设备进行检验和正常维护，以确保其精确性和稳定性。

4.4.2.2 微量组分应进行预稀释，并且应在专门的配料室内进行。

4.4.2.3 配料室应有专人管理，保持卫生整洁。

4.4.3 混合

4.4.3.1 按设备性能规定的时间进行混合。

4.4.3.2 混合工序投料应按先大量、后小量的原则进行。投入的微量组分应将其稀释到配料称最大称量的5%以上。

4.4.4 留样

4.4.4.1 新接收的饲料原料和各个批次生产的饲料产品均应保留样品。样品密封后留置专用样品室或样品柜内保存。样品室和样品柜应保持阴凉、干燥。采样方法按 GB/T 14699 执行。

4.4.4.2 留样应设标签，注明饲料品种、生产日期、批次、生产负责人和采样人等事项，并建立档案当专人负责保管。

4.4.4.3 样品应保留到该批产品保持期满后 3 个月。

4.5 饲料的饲喂与使用

4.5.1 肉羊饲料的饲喂与使用应遵照 NY/Y 5151。

4.5.2 肉羊兽药的使用应遵循 NY 5148。

4.5.3 肉羊的疫病治疗与防疫应遵照 NY 5149。

5 检验方法

5.1 粗蛋白:按 GB/T 6432 执行。

5.2 水分:按 GB/T 6435 执行。

5.3 钙:按 GB/T 6436 执行。

5.4 总磷:按 GB/T 6437 执行。

5.5 总砷:按 GB/T 13079 执行。

5.6 铅:按 GB/T 13080 执行。

5.7 汞:按 GB/T 13081 执行。

5.8 镉:按 GB/T 13082 执行。

5.9 氟:按 GB/T 13083 执行。

5.10 氰化物:按 GB/T 13084 执行。

5.11 六六六、滴滴涕:按 GB/T 13090 执行。

5.12 沙氏门菌:按 GB/T 13091 执行。

5.13 霉菌:按 GB/T 13092 执行。

5.14 黄曲霉毒素 B_1:按 GB/T 17480 执行。

6 检验规则

6.1 感官指标、水分、粗蛋白质、钙和总磷含量为出厂检验项目,其余为型式检验项目。

6.2 在保证产品质量的前提下,生产厂可根据工艺、设备、配方、原料等的变化情况,自行确定出厂检验的批量。

6.3 试验测定值的双试验相对偏差按相应标准规定执行。

6.4 检测与仲裁判定各项指标合格与否时,应考虑允许误差。

6.5 判定规则:卫生指标、药物和违禁药物等为判定指标。如检验中有一项指标不符合标准,应重新取样进行复检,复检结果中有一项不合格即判定为不合格。

7 标签、包装、贮存和运输

7.1 标签

商品饲料应在包装物上附有饲料标签，标签应符合 GB 10648 中的有关规定。

7.2 包装

7.2.1 饲料包装应完整，无污染和异味。

7.2.2 包装材料应符合 GB/T 14764 的要求。

7.2.3 包装印刷油墨无毒，不应向内容物渗漏。

7.2.4 包装物不应重复使用。但是，生产方和使用方另有约定的除外。

7.3 贮存

7.3.1 饲料的贮存应符合 GB/T 16764 的要求。

7.3.2 不合格和变质饲料应做无害化处理，不应存放在饲料贮存场所内。

7.3.3 饲料贮存场地不应使用化学灭鼠药和杀鸟剂。

7.4 运输

7.4.1 运输工具应符合 GB/T 16764 的要求。

7.4.2 运输作业应防止污染，保持包装的完整。

7.4.3 不应使用运输畜禽等动物的车辆运输饲料产品。

7.4.4 饲料运输工具和装卸场地应定期清洗和消毒。

8 其他有关使用饲料和饲料添加剂的原则和规定

8.1 严格执行《农业转基因生物安全管理条例》有关规定。

8.2 严格执行《饲料和饲料添加剂管理条例》有关规定。

8.3 栽培饲料作物的农药使用按 GB 4285 规定执行。

附录二 无公害食品 肉羊饲养管理准则 (NY/T 5151—2002)

1 范围

本标准规定了无公害肉羊生产中环境、引种和购羊、饲养、防疫、废弃物处理等涉及肉羊饲养管理的各环节应遵循的准则。

本标准适用于生产无公害羊肉的种羊场、人工受精站、胚脂移植中心、商品羊场、隔离场的饲养和管理。

2 规范性引用文件

下列文件中条款通过本标准的引用而成为本标准的条款。凡是注日期的引用文件,其随后所有的修改单(不包括勘误的内容)或修订版均不适用于本标准,然而,鼓励根据本标准达成协议的各方研究是否可使用这些文件的最新版本。凡是不注日期的引用文件,其最新版本适用于本标准。

GB 16548 畜禽病害肉尸及其产品无害化处理规范

GB 16549 畜禽产地检疫规范

GB 16567 种畜禽调运检疫技术规范

GB/T 18407 农产品安全质量 无公害畜禽产地环境要求

GB 18596 畜禽养殖业污染物排放标准

NY/T 388 畜禽场环境质量标准

NY 5027 无公害食品 畜禽饮用水水质

NY 5148 无公害食品 肉羊饲养兽药使用准则

NY 5149 无公害食品 肉羊饲养兽医防疫准则

NY 5150 无公害食品 肉羊饲养饲料使用准则

种畜禽管理条例

饲料和饲料添加剂管理条例

3 术语和定义

下列术语和定义适用于本标准。

3.1 肉羊

在经济或体形结构上用于生产羊肉的品种(系)。

3.2 投入品

饲养过程投入的饲料、饲料添加剂、水疫苗、兽药等物品。

3.3 净道

羊群周转 饲养员行走、场内运送饲料的专用道路。

3.4 污道

粪便等废弃物出场的道路。

3.5 羊场废弃物

主要包括羊粪、尿、尸体及相关组织、垫料、过期兽药、残余疫苗,一次性使用的畜牧兽医器械及包装物和污水。

4 羊场环境与工艺

4.1 羊场环境应符合 GB/T 18407 的规定。

4.2 场址用地应符合当地土地利用规划的要求,充分考虑羊场的放牧的饲草、饲料条件,羊场在建在地垫干燥、排水良好、通风、易于组织防疫的地方。

4.3 羊场周围 3 km 以内无大型化工厂、采矿场、皮革厂、肉品加工厂、屠宰场或畜牧场等污染源。羊场距离干线公路、铁路、城镇、居民区和公共场所 1 km 以上,远离高压电线。羊场周围有围墙或防疫沟,并建立绿化隔离带。

4.4 羊场生产区要布置在管理区主风向的下风或侧风向,羊舍应布置在生产区的上风向,隔离羊舍、污水、粪便处理设施和病、死羊处理区设在生产区主风向的下风或侧风向。

4.5 场区内净道和污道分开，互不交叉。

4.6 按性别、年龄、生长阶段设计羊舍，实行分阶段饲养、集中育肥的饲养工艺。

4.7 羊舍设计应能保温隔势，地面和墙壁应便于消毒。

4.8 羊舍设计应通风、采光良好，空气中有毒有害气体含量应符合 NY/T 388 的规定。

4.9 饲养区内不应饲养其他经济用途动物。

4.10 羊场应设有废弃物处理设施。

5 羊只引进和购入

5.1 引进种羊要严格执行《种畜禽管理条例》第 7、8、9 条，并按照 CB 16567 进行检疫。

5.2 购入牛要在隔离场(区)观察不少于 15 d，经兽医检查确定为健康合格后，方可转入生产群。

6 饲养

6.1 饲料和饲料添加剂

6.1.1 饲料和饲料原料应符合 NY 5150 的规定。

6.1.2 不应在羊体内埋植或者在饲料中添加镇静剂、激素类等违禁药物。

6.1.3 商品羊使用含有抗生素的添加剂时，应按照《饲料和饲料添加剂管理条例》执行休药期。

6.1.4 放牧羊群实行轮牧、休牧制度。

6.2 饮水

6.2.1 水质应符合 NY 5027 的规定。

6.2.2 定期清洗消毒饮水设备。

6.3 疫苗和使用

6.3.1 羊群的防疫应符合 NY 5149 的规定。

6.3.2　防疫器械在防疫前后应彻底消毒。

6.4　兽药和使用

6.4.1　治疗使用药剂时，应符合 NY 5148 的规定。

6.4.2　肉羊育肥后期使用药物治疗时，应根据所用药物执行休药期。达不到休药期的，不应作为无公害肉羊上市。

6.4.3　发生疾病的种羊在使用药物治疗时，在治疗期或达不到休药期的不应作为食用淘汰羊出售。

7　卫生消毒

7.1　消毒剂

选用的消毒剂应符合 NY 5148 的规定。

7.2　消毒方法

7.2.1　喷雾消毒

用规定浓度的次氯酸盐、有机碘混合物、过氧乙酸、新洁尔灭、煤酚等，进行羊合消毒、带羊环境消毒、羊场道路和周围以及进入场区的车辆消毒。

7.2.2　浸液消毒

用规定浓度的新洁尔灭、有机碘混合物或煤酚的水溶液，洗手、洗工作服或胶靴进行消毒。

7.2.3　紫外线消毒

人员入口处设紫外线灯照射至少 5 min。

7.2.4　喷洒消毒

在羊舍周围、入口、产房和羊床下面撒生石灰或火碱液进行消毒。

7.2.5　火焰消毒

用喷灯对羊只经常出入的地方、产房、培育舍，每年进行 1～2 次火焰瞬间喷射消毒。

7.2.6　熏蒸消毒

用甲醛等对饲喂用具和器械在密闭的室内或容器内进行熏蒸。

7.3　消毒制度

7.3.1　环境消毒

羊舍周围环境定期用2%火碱或撒生石灰消毒。羊场周围及场内污染池、排粪坑、下水道出口，每月用漂白粉消毒1次。在羊场、羊舍入口设消毒池并定期更换消毒液。

7.3.2　人员消毒

工作人员进入生产区净道和羊舍，要更换工作服、工作鞋、并经紫外线照射5 min进行消毒。外来人员必须进入生产区时，应更换场区工作服、工作鞋，经紫外线照射5 min进行消毒，并遵守场内防疫制度，按指定路线行走。

7.3.3　羊舍消毒

每批羊只出栏后，要彻底清扫羊舍，采用喷雾、火焰、熏蒸消毒。

7.3.4　用具消毒

定期对分娩栏、补料槽、饲料车、料桶等饲养用具进行消毒。

7.3.5　带羊消毒

定期进行带羊消毒，减少环境中的病原微生物。

8　管理

8.1　日常管理

8.1.1　羊场工作人员应定期进行健康检查，有传染病者不应从事饲养工作。

8.1.2　场内兽医人员不应对外诊疗羊及其他动物的疾病，羊场配种人员不应对外开展羊的配种工作。

8.1.3　防止周围其他动物进入场区

8.2 羊只管理

8.2.1 选择高效、安全的抗寄生虫药，定期对羊只进行驱虫、药浴，控制程序符合 NY 5148 的要求。

8.2.2 应对成年种公羊、母羊定期浴蹄和修蹄。

8.2.3 应经常观察羊群健康状态，发现异常及时处理。

8.3 饲喂管理

8.3.1 不喂发霉和变质的饲料、饲草。

8.3.2 育肥羊按照饲养工艺转群时，按性别、体重大小分群，分别进行饲养。群体大小、饲养密度要适宜。

8.3.3 每日打扫羊舍卫

8.4 灭鼠、灭蚊蝇

8.4.1 应定期定点投放灭鼠药，及时收集死鼠和残余鼠药，并应做深埋处理。

8.4.2 消除水坑等蚊蝇孳生地，定期喷洒消毒药物。

9 运输

9.1 商品羊运输前，应经动物防疫监督机构根据 GB 16549 及国家有关规定进行检疫，并出具检疫证明，合格者方可上市或屠宰。

9.2 运输车辆在运输前和使用后应用消毒液彻底消毒。

9.3 运输途中，不应在城镇和集市停留、饮水和饲喂。

10 病、死羊处理

10.1 对可疑病羊应隔离观察、确诊。有使用价值的病羊应隔离饲养、治疗，彻底治愈后，才能归群。

10.2 因传染病和其他需要处死的病羊，应在指定地点进行扑杀，尸体应按 GB 16548 的规定进行处理。

10.3 羊场不应出售病羊、死羊。

11 废弃物处理

11.1 羊场污染物排放应符合 GB 18596 的规定。

11.2 羊场废弃物应实行无害化、资源化处理原则。

12 资料记录

12.1 所有记录应准确、可靠、完整。

12.2 引进、购入、配种、产羔、哺乳、断奶、转群、增重、饲料消耗记录。

12.3 羊群来源,种羊系谱档案和主要生产性能记录。

12.4 饲料、饲草来源、配方及各种添加剂使用记录。

12.5 疫病防治记录。

12.6 出场销售记录。

12.7 上述有关资料应长期保存,最少保留 3 年。

附录三 无公害食品 肉羊饲养兽医防疫准则 (NY 5149—2002)

1 范围

本标准规定了生产无公害食品的肉羊饲养场在疫病的预防、监测、控制和扑灭方面的兽医防疫准则。

本标准适用于生产无公害食品的肉羊饲养场的兽医防疫。

2 规范性引用文件

下列文件中的条款通过本标准的引用而成为本标准的条款。凡是注日期的引用文件,其随后所有的修改单(不包括勘误的内容)或修订版均不适用于本标准,然而,鼓励根据本标准达成协议的各方研究是否可使用这些文件的最新版本。凡是不注日期的引用文件,其最新版本适用于本标准。

GB 16548 畜禽病害肉尸及其产品无害化处理规程

GB 16549 畜禽产地检疫规范

NY/T 388 畜禽场环境质量标准

NY 5027 无公害食品　畜禽饮用水水质

NY 5148 无公害食品　肉羊饲养兽药使用准则

NY 5150 无公害食品　肉羊饲养饲料使用准则

NY/T 5151 无公害食品　肉羊饲养管理准则

中华人民共和国动物防疫法

3 术语和定义

下列术语和定义适用于本标准。

3.1 动物疫病

动物的传染病和寄生虫病。

3.2 病原体

能引起疾病的生物体,包括寄生虫和致病微生物。

3.3 动物防疫

动物疫病的预防、控制、扑灭的动物、动物产品的检疫。

4 疫病预防

4.1 环境卫生条件

4.1.1 肉羊饲养场的环境卫生质量应符合 NY/T 388 的要求,污水、污物处理应符合国家环保要求,防止污染环境。

4.1.2 肉羊饲养场的选址、建筑布局和设施设备应符合 NY/T 5151 的要求。

4.2 饲养管理

4.2.1 饲养管理按 NY/T 5151 的要求执行。

4.2.2 饲料使用按 NY 5150 的要求执行,禁止饲喂动物源性肉骨粉。

4.2.3 具有清洁、无污染的水原,水质应符合 NY 5027 规定的要求。

4.2.4 兽药使用按 NY 5148 的要求执行。

4.2.5 非生产人员不应进入生产区。特殊情况下,经消毒、更换防护服后方可入场,并遵守场内的一切防疫制度。

4.3 日常消毒

定期对羊舍、器具及其周围环境进行消毒,消毒方法和消毒药物的使用等按 NY/T 5151 的规定执行。

4.4 引进羊只

4.4.1 坚持自繁自养的原则,不从有痒病或牛海绵状脑病及高风险的国家和地区引进羊只、胚胎/卵。

4.4.2 必须引进羊只时,应从非疫区引进,并有动物检疫合格证明。

4.4.3 羊只在装运及运输过程中没有接触过其他偶蹄动物,运输车辆应做过彻底清洗消毒。

4.4.4 羊只引入后至少隔离饲养 30 d,在此期间进行观察、检疫,确认为健康者方可合群饲养。

4.5 免疫接种

当地畜牧兽医行政管理部门应根据《中华人民共和国动物防疫法》及其配套法规的要求,结合当地实际情况,制定疫病的免疫规划。肉羊饲养场根据免疫规划制定本场的免疫程序,并认真实施,注意选择适宜的疫苗和免疫方法。

5 疫病控制和扑灭

肉羊饲养场发生以下疫病时,应依据《中华人民共和国动物防疫法》及时采取以下措施:

5.1 立即封锁现场,驻场兽医应及时进行诊断,并尽快向当地动物防疫监督机构报告疫情。

5.2 确诊发生口蹄疫、小反刍兽疫时，肉羊饲养场应配合当地动物防疫监督机构，对羊群实施严格的隔离、扑灭措施。

5.3 发生痒病时，除了对羊群实施严格的隔离、扑杀措施外，还需追踪调查病羊的亲代和子代。

5.4 发生蓝舌病时，应扑杀病羊；如只是血清学反应呈现抗体阳性，并不表现临床症状时，需采取清群和净化措施。

5.5 发生炭疽时，应焚毁病羊，并对可能的污染点彻底消毒。

5.6 发生羊痘、而鲁氏菌病、梅迪/维斯纳病、山羊关节炎/脑炎等疫病时，应对羊群实施清群和净化措施。

5.7 全场进行彻底的清洗消毒，病死或淘汰羊的尸体按 GB 16548 进行无害化处理。

6 产地检疫

产地检疫按 GB 16549 和国家有关规定执行。

7 疫病监测

7.1 当地畜牧兽医行政管理部门必须依照《中华人民共和国动物防疫法》及其配套法规的要求，结合当地实际情况，制订疫病监测方案，由当地动物防疫监督机构实施，肉牛饲养场应积极予以配合。

7.2 肉羊饲养场常规监测的疾病至少应包括：口蹄疫、羊痘、蓝舌病、炭疽、布鲁氏菌病。同时需注意监测外来病的传入，如痒病、小反刍兽疫、梅迪/维斯纳病、山羊关节炎/脑炎等。除上述疫病外，还应根据当地实际情况，选择其他一些必要的疫病进行监测。

7.3 根据实际情况由当地动物防疫监督机构定期或不定期对肉羊饲养场进行必要的疫病监督抽查，并将抽查结果报告当地畜牧兽医行政管理部门，必要时还应反馈给肉羊饲养场。

8 记录

每群肉羊都应有相关的生产记录，其内容包括：羊只来源，饲料消耗情况，发病率、死亡率及发病死亡原因，无害化处理情况，实验室检查及其结果，用药及免疫接种情况，消毒情况，羊只发运目的地等。所有记录应妥善保存。

附录四　无公害食品　肉羊饲养兽药使用准则 (NY 5148—2002)

1 范围

本标准规定了在生产无公害食品的肉羊饲养过程中允许使用的兽药种类及其使用准则。

本标准只用于无公害食品的肉羊饲养过程的生产、管理和认证。

2 规范性引用文件

下列文件中的条款通过本标准的引用而成为本标准的条款。凡是注日期的引用文件，其随后所有的修改单（不包括勘误的内容）或修订版均不适用于本标准，然而，鼓励根据本标准达成协议的各方研究是否可使用这些文件的最新版本。凡是不注日期的引用文件，其最新版本适用于本标准。

NY/T 388 畜禽场环境质量标准

NY 5149 无公害食品　肉羊饲养兽医防疫准则

NY 5150 无公害食品　肉羊饲养饲料使用准则

NY 5151 无公害食品　肉羊饲养管理准则

中华人民共和国动物防疫法

兽药管理条例

中华人民共和国兽药典(2000 年版)

中华人民共和国兽药规范(1992)

中华人民共和国兽用生物制品质量标准

进口兽药质量标准(中华人民共和国农业部农牧发[1999]2 号)

兽药质量标准(中华人民共和国农业部农牧发[1999]16 号)

食品动物禁用的兽药及其他化合物清单(中华人民共和国农业部第 193 号公告)

3 术语和定义

下列术语和定义适用于本标准。

3.1 兽药

用于预防、治疗和诊断畜禽等动物疾病,有目的地调节其生理机能并规定作用、用途、用法、用量的物质(含饲料药物添加剂)。包括:1)血清、菌(疫)苗、诊断液等生物制品;2)兽用中药材、中成药、化学原料药物及其制剂;3)抗生素、生化药品、放射性药品。

3.1.1 抗菌药

能够抑制或杀灭病原菌的兽药,其中包括中药材、中成药、化学药品、抗生素及其制剂。

3.1.2 抗寄生虫药

能够杀灭或驱除体内、体外寄生虫的药物,其中包括中药材、中成药、化学药品、抗生素及其制剂。

3.1.3 疫苗

由特定细菌、病毒等微生物以及寄生虫制成的主动免疫制品。

3.1.4 消毒防腐剂

用于杀灭环境中的病原微生物、防止疾病发生和传染的药物。

3.2 休药期

食品动物从停止给药到许可屠宰或他们的产品(乳、蛋)许可上市的间隔时间。

4 使用准则

4.1 饲养环境应符合 NY/T 388 的规定。

4.2 使用饲料应符合 NY/T 5150 的规定。

4.3 饲养管理应符合 NY/T 5151,加强饲养管理,采取各种措施以减少应激,增强动物自身的免疫力。

4.4 应严格按《中华人民共和国动物防疫法》和 NY 5149 的规定,进行动物免疫,预防疾病。

4.5 必要时进行预防、治疗和诊断疾病所用的兽药必须符合《中华人民共和国兽药典》、《中华人民共和国兽药规范》、《兽药质量标准》和《进口兽药质量标准》的相关规定。

4.6 优先使用符合《中华人民共和国兽用生物制品质量标准》、《进口兽药质量标准》的疫苗预防肉羊疾病。

4.7 允许使用消毒预防剂对饲养环境厩舍和器具进行消毒,并应符合 NY 5151 的规定。

4.8 允许使用《中华人民共和国兽药典》(二部)及《中华人民共和国兽药规范》(二部)收载的用于羊的兽用中药材、中药成方制剂。

4.9 允许使用国家畜牧兽医行政管理部门批准的微生态制剂。

4.10 允许使用附录 A 中的抗菌药和抗寄生虫药,并应注意以下几点:

a)严格遵守规定的作用与用途、用法与用量及其他注意事项。

b)严格遵守附录 A 中规定休药期。

4.11 所用兽药必须来自具有《兽药生产许可证》和产品批准文号的生产企业,或者具有《进口兽药许可证》的供应商。所有兽药的标签必须符合《兽药管理条例》的规定。

4.12 建立并保存免疫程序记录；建立并保存全部用药的记录，治疗用药记录包括肉羊编号、发病时间及症状、药物名称（商品名、有效成分、生产单位）、给药途径、给药剂量、疗程、治疗时间等；预防或促生长混饲用药记录包括药品名称（商品名、有效成分、生产单位及批号）、给药剂量、疗程等。

4.13 禁止使用未经国家畜牧兽医行政管理部门批准的兽药和已经淘汰的兽药。

4.14 禁止使用《食品动物禁用的兽药及其他化合物清单》中的药物。

附录 A 无公害食品肉羊饲养允许使用的抗寄生虫药、抗菌药及使用规定

类别	名称	制剂	用法与用量（用量以有效成分计）	休药期/d
抗寄生虫药	阿苯达唑 albendazole	片剂	内服，一次量，每千克体重 10～15 mg	7
	双甲脒 amitraz	溶液	药浴、喷洒、涂刷，配成 0.025%～0.05%的乳液	21
	溴酚磷 bromphenophos	片剂、粉剂	内服，一次量，每千克体重 12～16 mg	21
	氯氰碘柳胺钠 closantel sodium	片剂	内服，一次量，每千克体重 10 mg	28
		注射液	皮下注射，一次量，每千克体重 5 mg	28
		混悬液	内服，一次量，每千克体重 10 mg	28
	溴氰菊酯 deltamthrin	溶液剂	药浴，每升水 5～15 mg	7
	三氮脒 diminazene aceturate	注射用粉针	肌内注射，一次量，每千克体重 3～5 mg，临用前配成 5%～7%溶液	28
	二嗪农 dimpylate	溶液	药浴，初液，每升水 250 mg；补充液，每升水 750 mg（均按二嗪农计）	28

续附录 A

类别	名称	制剂	用法与用量 (用量以有效成分计)	休药期/d
	非班太尔 febantel	片剂、颗粒剂	内服,一次量,每千克体重 5 mg	14
	芬苯达唑 fenbendazole	片剂、粉剂	内服,一次量,每千克体重 5～7.5 mg	6
	伊维菌素 ivermectin	注射剂	皮下注射,一次量,每千克体重 0.2 mg(相当于 200 IU)	21
	盐酸左旋咪唑 levamisole hydrochloride	片剂	内服,一次量,每千克体重7.5 mg	3
		注射剂	皮下,肌内注射,每千克体重 7.5 mg	28
	硝碘酚腈 nitroxynilum	注射液	皮下注射,一次量,每千克体重 10 mg,急性感染,每千克体重 13 mg	30
	吡喹酮 praziquantel	片剂	内服,一次量,每千克体重 10～35 mg	1
	碘醚柳胺 rafoxanide	混悬液	内服,一次量,每千克体重 7～12 mg	60
	噻苯咪唑 thiabendazole	粉剂	内服,一次量,每千克体重 50～100 mg	30
	三氯苯唑 triclabendazole	混悬液	内服,一次量,每千克体重 5～10 mg	28
抗菌药	氨苄西林钠 ampicillin sodium	注射用粉针	肌内、静脉注射,一次量,每千克体重 10～20 mg	12
	苄星青霉素 benzathine benzylpenicillin	注射用粉针	肌内注射,一次量,每千克体重 3 万～4 万 IU	14
	青霉素钾 benzylpenicillin potassium	注射用粉针	肌内注射,一次量,每千克体重 2 万～3 万 IU,每日 2～3 次,连用 2～3 d	9

续附录 A

类别	名称	制剂	用法与用量 （用量以有效成分计）	休药期/d
	青霉素钠 benzylpenicillin sodium	注射用粉针	肌内注射，一次量，每千克体重 2 万～3 万 IU，每日 2～3 次，连用 2～3 d	9
	硫酸小檗碱 berberini sulfatis	粉剂	内服，一次量，0.5～1.0 g 注射液肌内注射，一次量，0.05～0.1 g	0
	恩诺沙星 enrofloxacin	注射液	肌内注射，一次量，每千克体重 2.5 mg，每日 1～2 次，连用 2～3 d	14
	土霉素 oxytetracycline	片剂	内服，一次量，羔，每千克体重 10～25 mg（成年反刍动物不宜内服）	5
	普鲁卡因青霉素 procaine benzylpenicillin	注射用粉针	肌内注射，一次量，每千克体重 2 万～3 万 IU，每日 1 次，连用 2～3 d	9
		混悬液	肌内注射，一次量，每千克体重 2 万～3 万 IU，每日 1 次，连用 2～3 d	9
	硫酸链霉素 streptomycin sulfate	注射用粉针	肌内注射，一次量，每千克体重 10～15 mg，每日 2 次，连用 2～3 d	14

参考文献

[1] 陶天甲.肉羊的饲养方式.养殖技术顾问,2003(5):2～3

[2] 谢小莱,等.舍饲养羊生产工艺的初步设计.饲料博览，2003(7):25～26

[3] 王学彬,等.舍饲养羊的错误做法及改进措施.河北畜牧兽医，2004(20)11:37

[4] 武原红.不同饲养方式养羊产肉对比试验.山西农业大学学报，1999(19)3:253～256

[5] 陶天甲.肉羊场的管理.养殖技术顾问，2004(4):5

[6] 李骏.波尔山羊的饲养方式及一般管理技术.农业科技通讯，2002(10):20～21

[7] 张显民,等.规模舍饲育肥羊场的生产管理.新疆畜牧业，2004(3):17～18

[8] 安东生,等.无公害羊肉生产的条件要求.家畜生态，2004(25)4:272～276

[9] 翁长江.无公害山羊生产的环境质量与技术要点.动物科学与动物医学,2004(21)3:62～64

[10] 王晓燕,等.无公害羊肉生产实用技术.黑龙江畜牧兽医，2004(8):76～77

[11] 贾志海,等.羊场建设与设备.畜牧工程,2002(10)：20～21. 2002(11):23～25. 2002(12):23～24

[12] 夏季.增强科技意识提高养羊效益.河南畜牧兽医，2004(25)11:12～13

[13] 孔凡真.规模经营羊场的成功秘诀.农村养殖技术，2004(24):9～10

[14] 刘凤华. 试论我国安全优质无公害羊肉生产. 中国草食动物,2004(24)2:47～48

[15] 陈滨江. 养羊生产实用综合技术. 哈尔滨:黑龙江科学技术出版社,2003

[16] 黄永宏. 肉羊高效生产技术手册. 上海:上海科学技术出版社,2003

[17] 黄功俊,等. 肉山羊圈养技术. 北京:中国林业出版社,2001

[18] 钟声,林继煌. 肉羊生产大全. 南京:江苏科学出版社,2002

[19] 孙力,王武强,贾文孝,等. 肉用羊养殖问答. 太原:山西科学技术出版社,2004

[20] K J 贝特里吉. 范必勤,黄夺先,等译. 重庆:科学技术文献出版社重庆分社,1980

[21] 李湘涛. 羊年谈羊. 北京:中国林业出版社,2002

[22] 许怀让. 家畜繁殖学. 南宁:广西科学技术出版社,1990

[23] 桑润滋. 动物繁殖生物技术. 北京:中国农业出版社,2002

[24] 尹长安,孔学民,陈卫民. 肉羊无公害饲养综合技术. 北京:中国农业出版社,2003,1

[25] 范国雄. 牛羊疾病诊治彩色图说. 北京:中国农业出版社,1998,3

[26] 傅润亭,樊航奇. 肉羊生产大全. 北京:中国农业出版社,2004,2

[27] 郑国清,崔保安. 羊病防治难点解答. 郑州:中原农民出版社,2002,6

[28] 张英杰,刘月琴,姚汝明. 绵羊舍饲半舍饲养殖技术. 北京:中国农业科学技术出版社,2003,1

[29] 陈国禄,贺文杰. 肉羊舍饲经营实用技术问答. 北京:中国农业出版社,2001,2

[30] 张俊,宋海军,李晓东. 肉羊. 北京:中国农业大学出版社,

2005,8
[31] 田树军.羊的营养与饲料配制.北京:中国农业大学出版社,2003,10
[32] 徐桂芳.肉羊饲养技术手册.北京:中国农业出版社,2006,1
[33] 罗海玲.羊常用饲料及饲料配方.北京:中国农业出版社,2004,1
[34] 郑中朝,白跃宇,张雄. 新编科学养羊手册.郑州:中原农民出版社,2002,6
[35] 权凯,等. 农区肉羊场设计与建设.北京:金盾出版社,2010,1